Probleme der modernen Chemie in allgemeinverständlicher Darstellung

Plaudereien über Arbeiten
von Aston, Curie, Fajans, Kossel,
Paneth, Rutherford, Soddy
und anderen Forschern

von

Dr. Harry Schmidt
Wissenschaftlicher Mitarbeiter am
„Freien Bildungswesen der Stadt Altona“.

Mit 9 Abbildungen im Text

Hamburg
L. Friederichsen & Co.
1921

Druck von J. J. Augustin in Glückstadt und Hamburg.

Pauline Leipold
gewidmet

Geleitwort

Die vorliegende Schrift wurde aus dem Wunsche heraus geschrieben, einen weiteren Kreis in angenehm lesbarer Form mit bestimmten Problemen der modernen chemischen Forschung bekannt zu machen. Während die Popularisierung biologischer Fragen seit Jahrzehnten mit gutem Erfolg betrieben wird, besteht noch immer Mangel an allgemeinverständlichen Schriften physikalischen und chemischen Inhalts. Und doch weist gerade die neuere Chemie Ergebnisse von grundlegender Bedeutung auf, die zum Gemeingut aller Gebildeten gemacht werden müssen. Eine Auswahl dieser Ergebnisse wird im folgenden dargeboten. Nicht in Gestalt fertiger, unabänderlicher Erkenntnisse, sondern in ihrem Werden sollen sie an dem geistigen Auge des Lesers vorüberziehen. So manches, was früheren Zeiten rätselhaft erschien, fand jüngst seine Klärung; aber daneben spüren auch wir noch Lücken, welche die kommende Forschung auszufüllen hat. Und diese Lücken werden dem Leser keineswegs vorenthalten. Denn als Zweck seines Büchleins galt dem Verfasser, dem Nichtfachmann ein möglichst getreues Bild unseres heutigen Wissensstandes zu zeichnen.

Altona (Elbe), den 5. November 1920.

Harry Schmidt.

Inhaltsübersicht

Die im Text erklärten Fachausdrücke sind am Schluß des Buches unter kurzer Wiederholung ihrer Bedeutung in alphabetischer Anordnung zusammengestellt.

Alchimistenträume

Plauderstündchen am offenen Kaminfeuer......

Ums Haus heult der Wind. Regenschauer prasseln gegen die Fenster. Schwarz steht der nächtliche Himmel, mondlos und ohne Sterne. Schwarz auch die Bäume, deren Laubwerk rauscht, und deren Stämme und Zweige jämmerlich ächzen, wie Schiffe, wenn die Woge sie gegen die Brücke drückt. Ein schauerliches Wetter. Fast möchte man denken, daß schon der Herbststurm seinen Einzug ins Land halten will. Und doch ist's noch Sommerzeit — ein ungeratener Augustabend vergnügt sich daran, ein wenig mit den Machtmitteln des Oktobers sich zu brüsten. Er gefällt sich gut in seinem unfreundlichen Benehmen, und sicherlich jubelt er ob der gelungenen Überraschung, die er den Menschenkindern zugedacht hat.

Bei solchem Toben da draußen sitzt sich's behaglich an unserem wärmespendenden Kamin. Aus roten Ziegelsteinen aufgerichtet, ist er der großen Diele eines ehemaligen Bauernhauses an der Niederelbe eingebaut. In undeutlichen Umrissen ragt im Halbdunkel das prächtige Gebälk der alten Decke. An den Wänden ahnen wir die farbenfrohen Türen und Fensterrahmen, und der leichte Ölgeruch vom Anstrich des Holzwerks durchwebt den Raum. Unser Feuer wirft flackernde Lichter in die Finsternis. Auf glühendem Grunde knistern die Scheite. Gelbe Flammen umlecken sie gierig und bewegen sich unstet hin und her, gleich der vielgespaltenen Zunge einer Fabelkatze. Vom feuchten Brennholz steigt das Wasser in dichten Dämpfen auf, die der Luftzug in den Rauchfang treibt. Hell glänzen die sauber geweißten Fugen des roten Gemäuers, von dessen oberem Teil ein Walfischkiefer niedergrinst. Zu abenteuerlichen Gestalten formt sich die verglimmende Asche. Scheint dort nicht dem weitgeöffneten

Rachen einer geschuppten Echse giftiger Odem zu entströmen? Wie sie uns anglotzt mit ihren blutroten Augen! Lassen wir unserer Einbildungskraft freien Lauf, so stehen alle Ungeheuer unserer Kindheitsmärchen leibhaftig vor uns.

Gedanken über die vielgerühmte „gute alte Zeit" kommen uns unwillkürlich in den Sinn. Wo Zentralheizung und elektrisches Licht unbekannte Dinge waren; wo des Abends, nach des Tages Last und Mühen, die Familie sich am Kaminfeuer zusammenfand, um sich andächtig an den Erzählungen der von Mund zu Mund überlieferten Volkssagen zu erfreuen.

Und weiter schweift die Phantasie zurück. Über Jahrhunderte eilt sie dahin; die Welt des Mittelalters steht vor unserem geistigen Auge. Jene Zeit, die man wohl oft zu Unrecht die „dunkle" genannt hat. Der Dämmerschein über uns sowie zur Rechten und zur Linken, das gespenstische Starren der Balken und die flackernden Flammen auf unserer Feuerstelle erinnern uns an die Bilder des holländischen Meisters Teniers des Jüngeren, die uns einen Einblick in mittelalterliche alchimistische Laboratorien gewähren. Wunderlich genug hat's an diesen Stätten geheimnisvollster Tätigkeit ausgesehen. Während die Tempel moderner Forschung in der Helligkeit und Freundlichkeit ihrer Räume miteinander wetteifern, wurden die alchimistischen Hexenküchen mit Vorliebe in alten, dunklen Gewölben eingerichtet, in die kaum ein Sonnenstrahl zu dringen vermochte. In riesigen Steinherden prasselten die Kohlenfeuer, die durch mächtige Blasebälge angefacht wurden. Rauch und Qualm wälzten sich in dichten Wolken zur rußgeschwärzten Deckenwölbung empor, um nur langsam ihren Abzug durch die wenigen Rauchlöcher zu finden. Seltsame ausgestopfte Tiere hingen von oben herab; mit gläsernen Augen stierten sie auf den tausendfachen Trödel, der ringsumher sich anhäufte. Zwischen ihnen pendelte eine kleine Ampel, deren trübe flackerndes Flämmchen den weiten Raum nur spärlich erhellte. Aus dem mystischen Halbdunkel starrten bleiche Schädel, menschliche und tierische Skelette in schaurig fahlem Glanze. Auf Tischen und Regalen drängten sich die seltsamsten Instrumente. Da konnte man plumpe, aus feuerfestem Ton gefertigte Schmelztiegel in allen Größen finden. Ferner Retorten und Rezipienten in den mannigfachsten Formen; sonderbare Destillierhelme sowie langhalsige Kolben; Blasen, Becher und Trichter; Mörser, Schalen und Siebe. In Gefäßen und Büchsen, in Flaschen und Krügen eine schier endlose Zahl von Salzen, Laugen und Säuren. Hier und da funkelte eine giftgefüllte Phiole in magischem Schein, und farbenprächtige Mixturen waren sorgfältig in kristallnen Behältern verschlossen.

Inmitten dieser sonnenfernen Welt wissenschaftlichen Gerümpels hausten die Alchimisten als Adepten der „Geheimen Wissenschaft". Bärtige Meister zumeist, im faltenreichen Gelehrtengewand. Hier wurden aus dicken Folianten die Arbeiten der Vorgänger getreulich studiert. Nach langen Rezepten ward sorglich gelöst und innig gemischt, ward gekocht und verdampft, erhitzt und geschmolzen. Mit unermüdlichem Eifer ward die Kunst betrieben, und der lernbegierige Famulus folgte willig den Weisungen seines gläubig verehrten Herrn.

Auf Goldbereitung war das ganze Sinnen und das ganze Trachten jener dunklen Magier eingestellt. Ihr „unbegreiflich holdes Sehnen" verdichtete sich zu einem Wunsche, drängte sich zu einem Endziel zusammen: den Stein der Weisen zu finden, den nie versagenden Schlüssel zu allen Quellen menschlichen Erdenglücks. Mit seiner Hilfe sollte Blei in Gold, das Unedle ins Edle sich verwandeln lassen. Im Besitze seiner Kraft ward der Mensch zum Herrn aller Geister, der guten wie namentlich auch der bösen. Seiner wunderbaren Wirkung widerstand keine Krankheit, und das menschliche Leben ließ sich durch ihn verlängern. Ja sogar künstliches Leben half er schaffen, ließ Menschen in Retorten und Kochbechern entstehen. Bekannt ist die treffliche Schilderung Goethes aus dem zweiten Teil seiner Faustdichtung. Da steht Wagner am Herd seines Laboratoriums, umgeben von mächtigen, phantastischen Apparaten. Mit gespanntester Aufmerksamkeit verfolgt er die Vorgänge in der brodelnden Retorte. Mephistopheles sieht ihm zu und läßt sich von dem eifrigen Laboranten einige Aufklärungen geben:

„Es leuchtet! Seht! — Nun läßt sich wirklich hoffen,
Daß, wenn wir aus viel hundert Stoffen
Durch Mischung — denn auf Mischung kommt es an —
Den Menschenstoff gemächlich komponieren,
In einen Kolben verlutieren
Und ihn gehörig kohobieren,
So ist das Werk im stillen abgetan."

Und wirklich — der Dichter gönnt ihm den Erfolg:

„Das Glas erklingt von lieblicher Gewalt,
Es trübt, es klärt sich; also muß es werden!
Ich seh' in zierlicher Gestalt
Ein artig Männlein sich gebärden.
Was wollen wir, was will die Welt nun mehr?
Denn das Geheimnis liegt am Tage:
Gebt diesem Laute nur Gehör,
Es wird zur Stimme, wird zur Sprache."

In Wahrheit sah keines Sterblichen Auge jemals den Homunkulus, das künstlich gezeugte Menschlein. Er blieb ein Traumbild der Alchimisten, ein Traumbild wie auch alle anderen Ideale jener Goldsucher. Wie manche sturmdurchtobte Winternacht, wie mancher sonnendurchglühte Sommertag auch unter den grauen Gewölben der Hexenküchen zugebracht wurde; mit welchem Fleiß man auch die halbvergessenen, staubbedeckten Folianten wälzte, in denen ältere Meister ihre Erfahrungen niedergeschrieben, ihre angeblichen Erfolge bejubelt, ihre nur allzu häufigen Enttäuschungen bejammert hatten; wie oft dann auch immer wieder aufs neue die Retorte gefüllt, die rußende Flamme zur Glut entfacht, aufs neue dem wogenden Kampf der feurig-flüssigen Stoffe zugeschaut wurde, vielleicht gar neue Zaubersprüche gemurmelt wurden, um grollendes Geistervolk günstig zu stimmen — im Grunde blieb alles verlorene Liebesmüh! Der Stein der Weisen wollte sich nicht finden lassen. Generationen sind darüber gestorben. Jahrhundert um Jahrhundert zog ins Land. Und die Träume der Alchimisten gingen niemals in Erfüllung.

Schon im alten Griechenland blühte der Erkenntnisdrang, der die mittelalterlichen Glückssucher beseelte. Von weisen Denkern ward hier ein gewaltiger Gedanke gedacht, den seither die forschende Menschheit nicht wieder hat lassen können. Der Gedanke nämlich, daß die Mannigfaltigkeit aller uns bekannten Stoffe nur eitel Schein und Blendwerk ist, daß ihre unübersehbare Vielheit sich letzten Endes auf eine nur winzige Anzahl von Grundstoffen zurückführen läßt. Ja vielleicht sogar sollte die ganze Welt lediglich aus einer einzigen, einheitlichen Urmaterie hervorgegangen sein! So lautete die Lieblingsidee der ersten abendländischen Philosophen, deren Namen uns die Geschichte überliefert hat. Für Thales von Milet war jener einzige Urstoff das Wasser; Anaximander nannte ihn das Unendliche, das Unbestimmbare, während Anaximenes der Luft die Rolle des wahren Grundstoffes zuwies. Von nachhaltigstem Einfluß für spätere Zeiten aber ward die Lehre des Empedokles von der Vierzahl der Elemente. Noch heute lernt jedes Schulkind ihre Namen, wenn auch zumeist Aristoteles als ihr Urheber genannt wird. Feuer, Erde, Luft und Wasser haben schon in den Weltbildern des Anaximander und des Heraklit einen hervorragenden Platz eingenommen. Ihre Anerkennung als die einzig wahren Elemente verdanken sie jedoch dem Empedokles, und Aristoteles gebührt lediglich das Verdienst, diese Lehre übernommen und sie in seinen Schriften der Nachwelt überliefert zu haben. Er stellte sie an die Spitze seiner Naturphilosophie, und indem er die Verwandelbarkeit der vier Grundstoffe ineinander, sowie die Möglichkeit ihrer Vereinigung zu neuen Stoffen anerkannte, zeichnete er gut anderthalb Jahrtausend abendländischer Forschung die Wege vor, die gangbar schienen. Die Elemente stellten ihm nicht so sehr Stoffe, als vielmehr Träger bestimmter Eigenschaften dar. Als die vier Grundeigenschaften galten ihm heiß und kalt, feucht und trocken. Jedem einzelnen Element wurden je zwei dieser Grundeigenschaften beigelegt. Das Wesen des Feuers ward bestimmt durch Trockenheit und Hitze; Trockenheit und Kälte gaben die Erde, während Feuchtigkeit und Kälte dem Wasser, Hitze und Feuchtigkeit der Luft zukamen. Durch einen Austausch ihrer Eigenschaftsbestandteile sollten die Elemente sich ineinander umwandeln können, so daß also beispielsweise aus Feuer und Wasser sich Luft und Erde erzeugen ließen:

$$\underset{\text{(Feuer)}}{\text{trocken}\cdot\text{heiß}} + \underset{\text{(Wasser)}}{\text{feucht}\cdot\text{kalt}} = \underset{\text{(Luft)}}{\text{feucht}\cdot\text{heiß}} + \underset{\text{(Erde)}}{\text{trocken}\cdot\text{kalt}}$$

Aber nicht nur die vier Elemente, sondern auch jede beliebige andere Substanz wurde von Aristoteles als eine Zusammensetzung von Eigenschaften angesehen. Die ganze Kunst der Stofferzeugung wurde ihm daher zur Lösung der Aufgabe, bestimmte Eigenschaften auf irgend eine Weise miteinander zu verketten. Diese Vorstellung griff dann später die mittelalterliche Chemie auf und stempelte sie zu ihrem obersten Grundsatz. Auf dem Boden dieser Anschauung erwuchsen ihre mannigfachen Probleme. Denn was lag jetzt näher als der Gedanke, das seltene Gold aus solchen Stoffen herzustellen, welche die Eigenschaften dieses geschätzten

Metalls in möglichst ausgeprägtem Maße besaßen! Besonders auffallend am Golde erschienen seine schöne gelbe Farbe sowie sein prächtiger metallischer Glanz. Was Wunder also, daß man alle gelben Stoffe mit möglichst stark glänzenden Stoffen zu vereinigen suchte! Die Hauptrolle spielten dabei der Schwefel und das Quecksilber. Aus ihnen wollte man Gold machen. Mit prächtigen Worten wissen uns das die folgenden Verse aus dem umfangreichen altfranzösischen „Roman de la Rose" zu schildern, der im 13. Jahrhundert entstanden und fast fünf Jahrhunderte hindurch eines der volkstümlichsten Bücher der französischen Literatur geblieben ist:

„Wer gründlich erfaßt diese Wege alle,
Verwandelt leicht auch die Metalle.
Er weiß von Beimischung sie zu befreien
Und ihnen die rechte Form zu verleihen.
Er macht sie die Nachbarstufen durchschreiten,
Die eine zur andren hinüberleiten,
Bis so das Werk er fertig bringt,
Wie der Natur es selbst gelingt:
Denn, wie in weisen Büchern zu lesen,
Läßt diese der Metalle Wesen
Aus Schwefel und Quecksilber sich gestalten
Durch mancherlei Kraft in der Erde Spalten.
Wer nun die Geister
Zu nützen wüßt' als Meister,
Wer ihre Kraft könnt' zwingen
Ins Inn're der Stoffe zu dringen
Und, ohne wieder zu verfliegen,
Im reinen Stoffe festzuliegen
(Denn rein muß der Schwefel sein, wie billig,
Zu weißer und roter Tingierung willig),
Der wäre Fronherr der Metalle,
Und wandelte nach Wunsch sie alle.

Der, dem die Alchimie ist hold,
Gewinnt gar leicht aus Quecksilber Gold,
Und verleiht ihm den Glanz und der Schwere Kraft
Durch Zutaten, die er sich billig verschafft.
Aus Gold auch macht er sich Edelsteine,
Herrlich leuchtend in lautrem Scheine.
Und aus gemeiner Metalle Substanz
Zeugt er Silber von hellem Glanz
Durch kräftig bleichende Medizinen,
Die die Form zu veredeln dienen."

Doch leider ging die Geschichte nicht gar so einfach. Die Zeugung des Königs der Metalle aus „gemeiner Metalle Substanz" verlangte offenbar die Mitwirkung einer höheren Macht. Es fehlte entschieden ein dritter Stoff, dessen Gegenwart allein die gewünschte Vereinigung von Quecksilber und Schwefel zum gleißenden Golde herbeiführen konnte. Und dieser dritte Stoff, dieses unbekannte Etwas, das war der Stein der Weisen. In oft recht wunderlicher Sprache sind die Versuchsbeschreibungen zu seiner Bereitung verfaßt, und mancherlei aus dieser alchimistischen Literatur ist uns bis heute erhalten geblieben. So werden die zur Metallverwandlung dienenden Gefäße und Destillationsapparate als die Tempel der Metall-Götter bezeichnet. Ihre Tiefe ist der Hades, der Abgrund des Chaos, in welche die toten, das heißt die unedlen Metalle, wie Blei versinken. Durch das göttliche Wasser werden sie dort unten wieder belebt; neubeseelt gelangen sie zur Auferstehung, und als Wolke erheben sie sich zu den Höhen des Firmaments, womit der Oberteil des Kolbens gemeint ist. Oder es ordnen sich die Elemente im Gefilde der Entstehung zu einem neuen Wesen; der Priester wickelt die Toten und behandelt sie zur rechten Zeit mit den heiligen Wässern. Aus dem Grabe erheben sie sich dann in der verklärten und verjüngten Gestalt Neugeborener.

So kochten, mischten und prüften die Alchimisten — den Stein der Weisen fanden sie nicht. Zu ihren eifrigsten Anhängern zählten die Könige und Fürsten, deren unersättliche Sucht nach Gold sie veranlaßte, Unsummen für die Einrichtung von Laboratorien auszugeben und gegen gutes Entgelt sich Gelehrte zu verdingen, die darin ihr Heil zu versuchen sich anschickten. Zweifellos hat es Männer darunter gegeben, denen es an gutem Glauben und ehrlichem Willen nicht fehlte. Ebenso sicher aber darf behauptet werden, daß eine recht beträchtliche Zahl der Goldsucher nichts anderes als gemeine Schwindler und listige Scharlatane waren. Von Ort zu Ort zogen sie durchs Land, gingen hin und wieder an Fürstenhöfen in Stellung, um eines schönen Tages mit gefülltem Geldbeutel Reißaus zu nehmen. Denn oftmals wurden ihre hohen Herren ungeduldig; gebieterisch verlangten sie den Erfolg ihrer Bemühungen zu sehen. Und mancher Meister, der sich unvorsichtig rühmte, im Besitz des großen Geheimnisses zu sein, wurde unbarmherzig auf die Folter gespannt, um durch grausame Qualen zur Preisgabe gezwungen zu werden.

Durch die ständigen Mißerfolge mußte naturgemäß im Laufe der Zeit das Vertrauen zu der Alchimie in erheblichem Maße erschüttert werden. Insbesondere die betrügerischen Auswüchse haben viel dazu beigetragen, daß die ganze Alchimisterei allmählich in üblen Verruf geriet. Ihre Ausüber wurden als gottlose Hexenmeister verschrien, und mehr und mehr brach sich die Erkenntnis Bahn, daß die Lehren des Aristoteles der Wirklichkeit nicht entsprechen. Ihre völlige Widerlegung ist dem Franzosen Antoine Laurent Lavoisier zu danken, den man daher mit Recht als den Begründer der modernen wissenschaftlichen Chemie bezeichnet. An die Stelle der vier Elemente der altgriechischen Naturphilosophie ließ er eine weit größere Zahl sogenannter chemischer Elemente treten, worunter er solche Stoffe verstand, die auf keinerlei Art und Weise in einfachere Stoffe zerlegt werden können. Nehmen wir als Beispiel den Zinnober, der durch seine prächtige rote Farbe sich allgemeiner Bekanntheit erfreut. Der Chemiker vermag ihn durch zweckmäßige Behandlung in zwei andere, vom Zinnober durchaus verschiedene Stoffe zu zerlegen, nämlich in Schwefel und in Quecksilber. Zinnober ist also als eine chemische Verbindung von Schwefel und Quecksilber anzusehen, und infolgedessen läßt er sich auch auf ganz bestimmte Weise aus diesen beiden Stoffen künstlich herstellen. Versucht man dagegen eine weitere Zerlegung des Quecksilbers, so stößt man auf unüberwindliche Schwierigkeiten. Quecksilber ist deshalb ein einfacher, kein zusammengesetzter Stoff, und das gleiche gilt von dem anderen Bestandteil des Zinnobers, dem Schwefel. Derartige einfache Stoffe nennt die Chemie in leicht verständlicher Bezeichnungsweise Grundstoffe oder chemische Elemente. Die Gesamtheit aller Stoffe wird auf diese Weise in zwei durchaus wesensverschiedene Gruppen geschieden: in die chemischen Elemente und in die chemischen Verbindungen. Die chemischen Verbindungen bauen sich aus bestimmten chemischen Elementen auf, und je nach der Art der miteinander verbundenen Elemente erhält man verschiedene Stoffe. Durch Austausch ihrer Elemente lassen sich die chemischen Verbindungen in andere Verbindungen überführen; jedoch ist es niemals möglich, irgend ein chemisches Element in ein anderes chemisches Element umzuwandeln.

Mit dieser Lehre ward dem Streben der Alchimisten das Todesurteil gesprochen. Die Möglichkeit einer Golderzeugung ward ins Reich der Fabel verwiesen; sie mußte an der Tatsache scheitern, daß das Gold zu den chemischen Elementen gehört. Wohl läßt sich Gold aus anderen Stoffen gewinnen — immer jedoch nur aus solchen Stoffen, die schon von vornherein das Gold in chemischer Verbindung mit anderen Elementen enthalten.

Die Alchimistenträume schienen daher — für den Wissenschaftler wenigstens — ein für allemal ausgeträumt.....

Radium

Als kühne Seefahrer der alten Griechen den Bernstein in ihre Heimat brachten, werden sie schwerlich geahnt haben, daß sie damit den Anstoß zur Entdeckung einer Naturkraft von einzigartiger Bedeutung gaben. Schon von Thales aus Milet, dem ehrwürdigen Begründer der abendländischen Philosophie — will sagen der abendländischen Wissenschaft überhaupt — wird berichtet, daß ihm das Anziehungsvermögen des geriebenen Bernsteins bekannt war. Heutzutage weiß jedes Schulkind, daß mancherlei Stoffen durch schwache Reibung die Fähigkeit erteilt werden kann, leichte Körperchen zu sich heranzuziehen; daß die Ursache hierfür in einer elektrischen Aufladung jener Stoffe zu erblicken ist, und daß das griechische Wort ἤλεκτρον — gelesen „elektron", zu deutsch Bernstein — der Elektrizität ihren Namen verliehen hat. Jahrhundertelang blieb die Weisheit von der „Bernsteinkraft" auf die Erkenntnis der genannten Grundeigenschaft beschränkt. Man wußte nichts rechtes mit ihr anzufangen, und erst im Laufe des 18. Jahrhunderts wurde mit dem Aufbau einer regelrechten wissenschaftlichen Elektrizitätslehre begonnen. Den Anstoß dazu gab eine bemerkenswerte Entdeckung, die um das Jahr 1773 dem Physiker Dufay glückte. Die Entdeckung nämlich, daß es zwei verschiedene Arten von Elektrizität gibt, die als Harzelektrizität und Glaselektrizität bezeichnet wurden. Selbstverständlich rührten diese Namen daher, daß die eine Elektrizitätsart auf geriebenen Harzen — wie Bernstein, Siegellack und Hartgummi — die andere dagegen auf geriebenem Glas sich ansammelt. Von Benjamin Franklin, dem bekannten Erfinder des Blitzableiters, wurde vorgeschlagen, die Glaselektrizität als positive und die Harzelektrizität als negative Elektrizität zu bezeichnen, ein Vorschlag, der bald allgemeinen Eingang in die physikalische Wissenschaft fand und der noch heutigen Tages befolgt wird. Der Grund für die Wahl dieser Franklinschen Bezeichnungsweise ist in einer weiteren, überaus bedeutungsvollen Entdeckung Dufays zu erblicken. Während nämlich ein harzelektrisch geladener Körper einen zweiten, glaselektrisch geladenen Körper anzieht, stößt er einen ebenfalls harzelektrisch geladenen Körper von sich fort. Und in entsprechender Weise zieht ein glaselektrisch geladener Körper einen harzelektrisch geladenen Körper an, stößt dagegen einen gleichfalls glaselektrisch geladenen Körper ab. Mit anderen Worten: die Kräfte, die zwei gleichnamig elektrisch geladene Körper aufeinander ausüben, haben gerade die entgegengesetzte Richtung derjenigen Kräfte, die zwischen zwei ungleichnamig elektrisch geladenen Körpern sich bemerkbar machen. Und um diesen Richtungsunterschied deutlich zum Ausdruck zu bringen, empfiehlt sich in der Tat die Unterscheidung von positiver und negativer Elektrizität. Überdies kommt ein weiterer, wichtiger Grund hinzu, der die von Franklin gewählte Bezeichnung rechtfertigt. Haben wir beispielsweise einen glaselektrisch geladenen Körper, so können wir natürlich die von ihm auf andere elektrisch geladene Körper ausgeübten Kraftwirkungen dadurch vergrößern, daß wir seine glaselektrische Ladung erhöhen. Wenn wir dem glaselektrisch geladenen Körper jedoch keine Glaselektrizität, sondern Harzelektrizität zufügen, so werden jene Kraftwirkungen immer schwächer, und bei genügender Sorgfalt können wir's leicht erreichen, daß diese Wirkungen gänzlich verschwinden, daß also der zugleich glas- und harzelektrisch geladene Körper sich genau so verhält wie ein vollkommen unelektrischer Körper. Geeignet abgestufte Mengen von Glaselektrizität und Harzelektrizität verhalten sich daher genau so wie gleich große positive und negative Zahlen, oder wie beliebige Kapitalien, denen immer gleich große Schuldenlasten gegenüberstehen: ihre Wirkungen heben sich auf, sie ergänzen sich zu Null. Nichts liegt mithin näher, als diese Ähnlichkeit durch eine entsprechende Bezeichnungsweise der beiden Elektrizitätsarten zum Ausdruck zu bringen. An und für sich ist es dabei natürlich durchaus gleichgültig, welche von den beiden Elektrizitätsarten als cie positive und welche als die negative bezeichnet wird. Nachdem aber Franklin einmal die genannte Wahl getroffen hatte, mußte zur Vermeidung von Verwechselungen an ihr festgehalten werden.

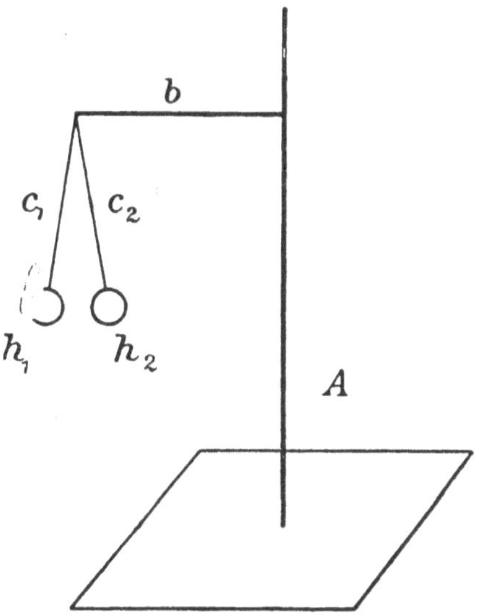

Figur 1

Die wichtige Tatsache. daß gleichnamig elektrisch geladene Körper eine abstoßende Kraft aufeinander ausüben, können wir uns mit Hilfe der in unserer Figur 1 in schematischer Zeichnung dargestellten Versuchsanordnung besonders gut veranschaulichen. An einem hinreichend festen Träger, dem Stativ A, ist ein Hartgummistäbchen b befestigt, das an den dünnen Kupferdräthchen c_1 und c_2 die beiden Holundermarkkügelchen h_1 und h_2 trägt. Für gewöhnlich hängen diese Kügelchen senkrecht nebeneinander herab; ihr Gewicht zieht sie nach unten. Sobald wir jedoch die Drähte c_1 und c_2 mit einer geriebenen Hartgummistange berühren, nehmen beide eine negative elektrische Ladung an. Die Kügelchen stoßen sich infolgedessen ab und verharren in gespreizter Stellung. Um sie wieder zum Zusammenfallen zu bringen, brauchen wir nur, wie wir bereits wissen, einen geriebenen Glasstab an die Drähtchen zu legen. Denn dann wird die vorher auf den Kügelchen befindliche negative Elektrizitätsmenge durch die hinzugefügte positive Elektrizität aufgehoben oder neutralisiert, und die abstoßende Kraft muß verschwinden.

Dasselbe Ziel läßt sich nun aber auch auf einem wesentlich anderen Wege erreichen. Berühren wir nämlich die elektrisch geladenen Drähtchen nur flüchtig mit unserer Hand, so fallen sofort die Kügelchen wieder zusammen. Wie sollen wir uns diese auffallende Erscheinung deuten? Offenbar bleibt nichts anderes übrig als die Annahme, daß durch jene Berührung den beiden Kügelchen ihre elektrischen Ladungen fortgenommen wurden. Sie gingen auf die Hand über, ohne allerdings auf ihr zu bleiben. Vielmehr flossen sie weiter durch den Arm und unseren ganzen Körper hindurch zur Erde. Man sagt dann kurz: die elektrischen Ladungen unserer beiden Kügelchen wurden durch unseren Körper zur Erde abgeleitet. Der menschliche Körper darf demnach als ein Leiter der Elektrizität bezeichnet werden. Wie die Erfahrung gezeigt hat, gehören zu den guten Elektrizitätsleitern in erster Linie sämtliche Metalle und Metallegierungen. Ihnen gegenüber stehen die Nichtleiter oder Isolatoren, als deren wichtigste Vertreter wir uns Glas, Hartgummi, Siegellack, Schwefel, Paraffin und Bernstein merken wollen. Selbstverständlich gibt es zwischen den besten Elektrizitätsleitern und den zuverlässigsten Isolatoren fast alle denkbaren Übergänge, aber trotzdem läßt sich im allgemeinen leicht angeben, ob ein Stoff zu den Leitern oder zu den Nichtleitern der Elektrizität zu rechnen ist.

Erst jetzt sind wir in der Lage, unseren in der Figur 1 dargestellten einfachen Apparat vollständig zu verstehen. Durch Berühren mit dem geriebenen Hartgummistab fließt auf die Drähtchen c_1 und c_2 negative Elektrizität über, die sofort zu den Kügelchen h_1 und h_2 weitergeleitet wird. Das Stäbchen b dagegen gestattet der Elektrizität keinen Durchgang, da es aus einem Isolator, nämlich Hartgummi, gefertigt ist. Infolgedessen behalten die Kügelchen ihre gespreizte Stellung bei, so lange die Drähtchen nicht mit leitenden Stoffen in Berührung gebracht werden.

Aus der Tatsache, daß die geladenen Kügelchen im allgemeinen nicht „von selbst" wieder zusammenfallen, können wir sogleich den wichtigen Schluß ziehen, daß die atmosphärische Luft ein Nichtleiter der Elektrizität, mithin ein Isolator ist. Wenn wir aber denselben Versuch zu verschiedenen Zeiten wiederholen, so werden wir leicht die Wahrnehmung machen, daß das Isolierungsvermögen der Luft mannigfachen Schwankungen unterlegen ist. Auf die tieferen Gründe hierfür müssen wir später noch ausführlich zurückkommen; im Augenblick interessiert uns lediglich der Umstand, daß die Leitfähigkeit der Luft durch gewisse Ursachen wesentlich erhöht werden kann.

Um nun derartige Leitfähigkeitsänderungen der Luft bequem und mit hervorragender Empfindlichkeit nachweisen und messen zu können, bedient man sich zweckmäßig des in unserer Figur 2 im Querschnitt schematisch gezeichneten Instruments. Es ist das ein sogenanntes Einfaden-Elektrometer, und zwar diejenige spezielle Form, die im Jahre 1914 von Theodor Wulf angegeben wurde. In einem Metallgehäuse M, das durch den Fuß P getragen wird, stehen sich die beiden Metallschneiden S_1 und S_2 gegenüber. Sie sitzen auf den Bernsteinstückchen E_1 resp. E_2, welche ihrerseits mit den Schrauben C_1 resp. C_2 in fester Verbindung sind. Auf diese Weise ist es ermöglicht, den gegenseitigen Abstand der beiden Schneiden S_1 und S_2 durch Drehen an den Schrauben C_1 und C_2 zu verändern, ohne S_1 und S_2 in leitende Berührung mit den Händen zu bringen. Durch die Drähtchen d_1 resp. d_2 sind S_1 resp. S_2 mit den Klemmschrauben B_1 resp. B_2 leitend verbunden. Diese Klemmschrauben befinden sich an der Außenwand des Kastens und sind von dessen Metallwandung durch kleine Bernsteinstückchen isoliert. Infolgedessen kann

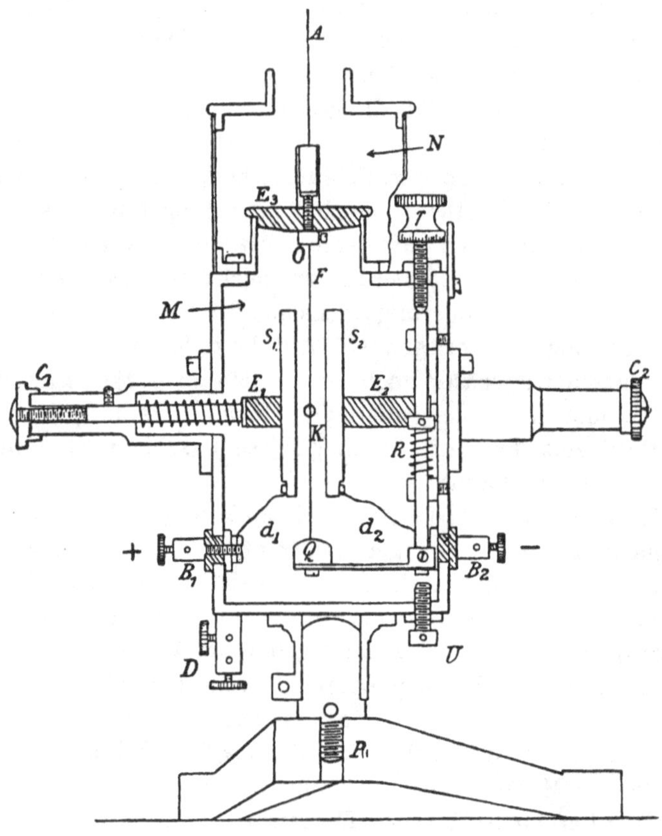

Figur 2

man durch Verbindung von B_1 mit dem positiven, sowie von B_2 mit dem negativen Pol einer geeigneten Elektrizitätsquelle die beiden Schneiden S_1 und S_2 auf gleich große, aber entgegengesetzte elektrische Ladungen bringen. Den Zwischenraum zwischen den Schneiden durchsetzt ein äußerst feiner versilberter Quarzfaden, der in O und Q eingespannt ist. Durch die Schraube T, die Feder R und den Hebel Q kann die Spannung des Fadens F innerhalb gewisser Grenzen reguliert werden; dabei dient die ein für allemal feststehende Schraube U dazu, ein allzu tiefes Hineindrehen von T, mithin eine allzu straffe Spannung von F zu verhüten. Durch die elektrischen Ladungen der Schneiden S_1 und S_2 werden auf den Faden F entgegengesetzt gerichtete Anziehungskräfte ausgeübt, da ja jede der Schneiden den Faden zu sich hinüberziehen möchte. Durch Verstellen der beiden Schneiden, also durch Drehen an den Schrauben C_1 und C_2, richtet man es so ein, daß der Faden genau in der Mitte zwischen S_1 und S_2 eine Ruhelage einnimmt, mithin von den beiden Schneiden mit gleicher Kraft nach beiden Seiten hingezogen wird. Die Beobachtung des Fadens geschieht durch ein Mikroskop, welches senkrecht zu der Ebene unserer Zeichnung stehend zu denken ist, und dessen Sehfeld in der Figur durch den Kreis K angedeutet werden möge. Den oberen Abschluß des Metallkastens M bildet ein größerer Bernsteinstopfen E_2, durch den eine metallische Verbindung des Fadens F mit dem äußeren Drahtende A hindurchführt. Auf den Kasten M ist ein zweiter, kleinerer und leichterer Metallkasten N aufgesetzt, der den Draht A zum größten Teil frei umschließt.

Sobald wir jetzt dem Draht A eine schwache, sagen wir negativ elektrische Ladung erteilen, können wir unter dem Mikroskop bei K ein Wandern des Fadens F zu der Schneide S_1 hin beobachten. Seine negative elektrische Ladung, die ihm von A aus zugeflossen ist, wird nämlich von der ebenfalls negativ elektrisch geladenen Schneide S_2 abgestoßen, dagegen von der positiv elektrisch geladenen Schneide S_1 angezogen. Infolgedessen biegt sich natürlich der Faden F in bestimmtem Grade in die Richtung auf S_1 zu. Je stärker die in A zugeführte Ladung ist, um so stärker ist auch die

Ausbiegung des Fadens bei K. Andererseits wird man aus der Stärke dieser Ausbiegung auf die Größe der dem Drahte A mitgeteilten Ladung schließen dürfen. Geben wir daher A eine ganz bestimmte Ladung, so wird der bei K zu beobachtende Ausschlag von F im Laufe der Zeit nur dann völlig unverändert bleiben, wenn die Luft in N sich wie ein völliger Isolator verhält. Besitzt aber die Luft ein gewisses Leitvermögen, so wird die elektrische Ladung von A allmählich heruntergezogen, und infolgedessen nimmt die Größe des Ausschlages von F nach und nach ab. Je schneller diese Abnahme erfolgt, um so größer ist die Leitfähigkeit der Luft, und indem man mit Hilfe einer Stoppuhr die Zeit mißt, die zur Abnahme des Faden-Ausschlages um einen ganz bestimmten Betrag erforderlich ist, hat man ein brauchbares Maß für die Stärke der Leitfähigkeit der Luft gewonnen.

Im Anfang des Jahres 1896 machte nun der französische Physiker Henri Becquerel eine äußerst merkwürdige Beobachtung. Er fand nämlich, daß die Leitfähigkeit der atmosphärischen Luft beträchtlich erhöht wird, sobald sich ein Stückchen Uran oder eine geringe Menge irgend einer chemischen Verbindung dieses Metalls in der Nähe befindet. Das wunderbarste war dabei, daß der genannte Einfluß auch dann sich bemerkbar machte, wenn das Uran oder die Uranverbindungen vollständig in dichtes Papier gehüllt oder in kleine Pappschächtelchen eingeschlossen wurden. Becquerel vermutete daher, daß diese Stoffe eine eigentümliche Strahlung aussenden, welche durch Papier und Pappe mit Leichtigkeit hindurchzutreten vermag und welche die Luft in einen leitenden Zustand versetzt. Durch weitere Arbeiten Becquerels sowie auch zahlreicher anderer Forscher erfuhr diese Vermutung ihre glänzendste Rechtfertigung. Die neuentdeckte Strahlung bezeichnete man als radioaktive Strahlung, und dementsprechend das Uran, dem die Eigenschaft der Radioaktivität zukommt, als ein radioaktives chemisches Element.

Schon jene ersten Beobachtungen wiesen deutlich darauf hin, daß die Radioaktivität eine Eigenschaft des Urans ist, die dieses Metall auch dann behält, wenn es mit anderen chemischen Elementen eine beliebige chemische Verbindung eingeht. Nahm man nämlich zwei Proben gleichen Gewichts, die eine aus reinem Uran, die andere aus irgend einer Uranverbindung bestehend, so besaß das reine Uran eine größere Radioaktivität als die Uranverbindung. Die Stärke der Radioaktivität wird natürlich mit Hilfe eines Elektrometers gemessen, indem man in der von uns beschriebenen Weise

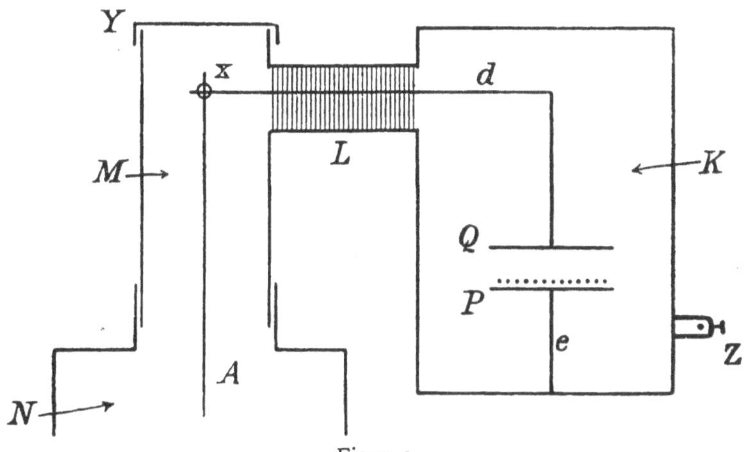

Figur 3

die Leitfähigkeit mißt, welche die Luft unter dem Einfluß der betreffenden radioaktiven Strahlung annimmt. Und zwar benutzt man dabei zweckmäßig einen besonderen Hilfsapparat, den man als Kondensator bezeichnet, und dessen Einrichtung aus unserer schematischen Figur 3 zu ersehen ist. In dieser Figur bedeutet K einen Metallkasten mit dem röhrenförmigen Metallansatz L, woran der ebenfalls aus Metall gefertigte Ansatz M sich anschließt. Der Durchmesser von M ist so gewählt, daß M genau auf den oberen Ansatz des

Elektrometeraufsatzes N unserer Figur 2 paßt, wie's in der Figur 3 leicht angedeutet ist. Der Elektrometerdraht A ist an der Stelle x mit dem starken Draht d verschraubt. Durch den großen, in der Figur durch Strichelung hervorgehobenen Bernsteinstopfen in L führt d in den Innenraum von K hinein und endigt hier in eine quadratische Metallplatte Q. Ihr gegenüber steht eine zweite, mit P bezeichnete Metallplatte, deren Träger e an der Bodenwand des Kastens K festgelötet ist. Der Ansatz M wird durch den Metalldeckel Y verschlossen, nachdem dem Draht A (und damit zugleich natürlich dem Elektrometerfaden F der Figur 2) an der Stelle x eine bestimmte elektrische Aufladung mitgeteilt worden ist. Auf der Platte P breitet man das auf Radioaktivität zu untersuchende Präparat aus, das durch eine seitlich angebrachte, in der Figur nicht gezeichnete Tür des Kastens K eingeführt wird. Die Klemmschraube Z, die an der Außenwand des Kastens K angelötet ist, wird durch einen Draht „geerdet." Darunter versteht man die Herstellung einer leitenden Verbindung mit der Oberfläche der Erde; sie wird am einfachsten erreicht, indem man an den Hahn einer Wasserleitung eine Klemmschraube lötet und in diese die zu erdende Zuleitung einführt. Die Erdung des Kondensators verfolgt den Zweck, alle aus irgendwelchen Ursachen sich etwa einstellenden elektrischen Ladungen des Kastens sogleich zu beseitigen, damit sie den Entladungsvorgang der Kondensatorplatte Q nicht beeinflussen können. Ebenso wird auch das Elektrometer geerdet, und zwar mit Hilfe der in unserer Figur 2 mit D bezeichneten Klemmschraube.

Im Jahre 1897 führte nun Marya Curie-Sklodowska, die Gattin des Pariser Physikers Pierre Curie, eine umfangreiche Untersuchung aus, um mittels Elektrometer und Kondensator die Radioaktivität verschiedener Uranverbindungen möglichst genau zu messen. Sie erhielt dabei zunächst das Resultat, daß bei einem und demselben Präparat die Radioaktivität um so stärker ist, mit je größerer Oberfläche dieses Präparat auf der Kondensatorplatte P ausgebreitet liegt. Dagegen besitzt die Dicke der Präparatenschicht nur einen sehr geringen Einfluß. Daraus konnte der Schluß gezogen werden, daß die radioaktive Strahlung des Urans schon von recht dünnen Schichten der radioaktiven Substanz selbst verschluckt oder — wie's der Physiker zu nennen pflegt — absorbiert wird. Die Strahlung der tiefer liegenden Schichten vermag also die oberen Schichten nicht zu durchsetzen; sie wird von ihnen zurückgehalten und kann keinerlei Einfluß auf die Leitfähigkeit der Luft ausüben. Es bleibt sich daher ziemlich gleich, wie dick die zu untersuchende Schicht gelegt wird; lediglich ihre Oberfläche kommt in Betracht, denn nur die Oberflächenstrahlung dringt in den Luftraum des Kondensators ein. Nur sie verrät sich also am Elektrometer durch den beschleunigten Rückgang der Fadenladung.

Im weiteren Verlauf ihrer Arbeit erbrachte sodann Madame Curie den strengen Nachweis dafür, daß die Radioaktivität verschiedener Uranverbindungen einzig und allein von der Größe ihres Urangehaltes abhängig ist. Je mehr Uran ein Stoff enthält, um so stärker ist die von ihm ausgesandte radioaktive Strahlung; die chemische Natur der übrigen Bestandteile des betreffenden Stoffes ist dabei völlig bedeutungslos.

Als aber Madame Curie ihre Versuche auch auf uranhaltige Mineralien ausdehnte, ergaben sich anscheinend Ausnahmen von dieser Regel. So zeigte beispielsweise natürliches Chalkolith, ein aus phosphorsaurem Kupfer und phosphorsaurem Uran bestehender Glimmer, die doppelte Radioaktivität des reinen Urans. Um diese Tatsache aufzuklären, bereitete sich Madame Curie auf künstlichem Wege einen Stoff, dessen chemische Zusammensetzung der des natürlichen Chalkoliths möglichst vollkommen glich. Die Radioaktivität des auf diese Weise erhaltenen künstlichen Chalkoliths entsprach jedoch durchaus seinem Urangehalt; sie war also wesentlich geringer als die des natürlichen Minerals. Es blieb demnach nichts anderes übrig, als die erhöhte Radioaktivität des natürlichen Chalkoliths einem neuen chemischen Element zuzuschreiben, das vom Uran durchaus verschieden ist. Selbstverständlich konnte es sich dabei lediglich um ein solches Element handeln, das im allgemeinen nur in außerordentlich geringen Mengen vorkommt; denn anderenfalls wäre es völlig undenkbar gewesen, daß es sich bis dahin der Wahrnehmung hatte entziehen können. Andererseits war zu schließen, daß jenes neue Element die Eigenschaft der Radioaktivität in weit, weit höherem Maße besitzt als das Uran. Hatte es sich doch trotz seiner geringen Menge auf das deutlichste im Elektrometer zu erkennen gegeben! Jetzt galt es daher, das neuentdeckte Element aus dem Mineral abzuscheiden und es in möglichst reiner Form darzustellen. Das Ehepaar Curie nahm diese mühselige Arbeit in Angriff und führte sie mit bewunderungswürdiger Ausdauer im Jahre 1898 zu einem glänzenden Abschluß.

Als Ausgangsmaterial wurde dabei die Pechblende benutzt, welche das weitaus häufigste Uranmineral darstellt, und deren Radioaktivität diejenige des reinen Urans um reichlich das vierfache übertrifft. Sie wird insbesondere in Joachimstal in Böhmen gefunden und dort seit langer Zeit auf Uran verarbeitet. Ihre chemische Zusammensetzung ist außerordentlich kompliziert. Neben dem Uran, das natürlich den Hauptbestandteil bildet, enthält sie in mehr oder weniger großen Mengen fast sämtliche bekannten Metalle in Form verschiedener chemischer Verbindungen. Sie alle mußten voneinander getrennt werden — eine Aufgabe, welche die Methoden der analytischen Chemie zu bewältigen gestatten. Durch zweckmäßige Behandlung wird das Mineral zunächst gelöst, und dann durch Zusatz geeigneter Stoffe jeweils ein Teil der vorhandenen Metalle zur Abscheidung gebracht

Auf diese Weise erhält man verschiedene Portionen, von denen zwar jede einzelne noch ein Gemisch von mehreren Metallen ist, das jedoch gegenüber dem ursprünglichen Mineral eine wesentlich einfachere Zusammensetzung aufweist. Ihre weitere analytisch-chemische Verarbeitung führt schließlich zur völligen Trennung in ihre einzelnen Bestandteile. Hand in Hand mit dieser Aufteilung der Pechblende ging nun bei der Curieschen Untersuchung eine Prüfung der jeweils erhaltenen Portionen auf die Stärke der von ihnen ausgesandten radioaktiven Strahlung. Einzig und allein die Radioaktivität des neuen chemischen Elements war ja der Wegweiser, der zu seiner Abtrennung und Reindarstellung führen konnte! Durch sie verriet es ständig sein Verbleiben, und indem man alle nichtradioaktiven Produkte beiseite schaffte, kam man Schritt für Schritt seiner völligen Abscheidung näher. Dabei stellte sich jedoch bald heraus, daß es sich in der Pechblende nicht nur um ein einziges, sondern sogar um zwei bis dahin unbekannte radioaktive Elemente handelt. Das eine von ihnen, das als ständiger Begleiter des Wismuts erschien, nannte Madame Curie, ihrem Vaterlande Polen zu Ehren, Polonium. Das andere dagegen, das beim Barium blieb, wurde als Radium bezeichnet, um gleich in seinem Namen seine wunderbarste Eigenschaft, seine überaus starke Radioaktivität, zum Ausdruck zu bringen.

Die Schwierigkeiten der im Vorstehenden kurz geschilderten Methode kann man sich kaum groß genug vorstellen. In ihrem weltbekannten zweibändigen Lehrbuch der Radioaktivität, von dem im Jahre 1911 auch eine Übersetzung in die deutsche Sprache erschienen ist, berichtet Madame Curie in aller Ausführlichkeit über ihre Arbeit. Wir wollen es nicht unterlassen, einiges aus ihren Darlegungen hier wörtlich wiederzugeben, wobei wir nur an einigen Stellen kleine Abänderungen vornehmen, um unseren Lesern das Verständnis zu erleichtern

„Nachdem die Zerlegung der Pechblende unter Kontrollierung mit Hilfe des Elektrometers bewirkt worden war, erkannten wir, daß diese Behandlung eine Anreicherung der Radioaktivität nach zwei Seiten hin herbeigeführt hatte. Auf der einen Seite zeigte das aus der Pechblende herausgezogene Wismut eine erhöhte Radioaktivität, während das käufliche Wismut selbst, das aus nichtradioaktiven Erzen stammt, jeder Radioaktivität bar ist. Auf der anderen Seite bestand eine Anhäufung der Radioaktivität bei dem erhaltenen schwefelsauren Barium, während die käuflichen Bariumverbindungen ebenfalls keine Radioaktivität besitzen. Wir betrachteten diese Anhäufung der Radioaktivität, die unabänderlich in derselben Weise eintrat, als einen Beweis für die Richtigkeit der Annahme, von der wir ausgegangen waren, der Annahme nämlich, daß wir zwei neue radioaktive Elemente vor uns hatten. Wir nannten den das Wismut begleitenden radioaktiven Körper Polonium, und denjenigen Körper, der das Barium begleitete, nannten wir Radium. Die in diesen Vorarbeiten gewonnenen poloniumhaltigen Wismutverbindungen sowie die radiumhaltigen Bariumverbindungen hatten eine Radioaktivität, die gleich der 400 bis 900fachen Aktivität des Uranoxyds (einer Sauerstoffverbindung des Urans) ist. Indessen wurde es zur Gewißheit, daß die von uns dargestellten Produkte fast gänzlich aus nichtradioaktiver Substanz bestanden, und Polonium oder Radium in ihnen nur in sehr geringem Betrage enthalten waren. Wir sahen voraus, daß man Hunderte oder Tausende von Kilogrammen des Minerals würde verarbeiten müssen, um diese Substanzen möglichst vollständig abzuscheiden. Gleichzeitig aber wuchs das Interesse, die Reindarstellung von Körpern durchzuführen, deren Radioaktivität beträchtlich größer sein mußte, als die Radioaktivität derjenigen Präparate, die wir zu Anfang erhalten hatten. So waren wir genötigt, von mehreren Tonnen derjenigen Rückstände auszugehen, die bisher bei der Verarbeitung der Pechblende zu

Uran in Joachimstal als wertlos beseitigt wurden. Die rohe Arbeit geschieht in einer Fabrik. Darauf folgt eine Reinigungs- und Anreicherungsarbeit. Auf diese Weise gelangt man dahin, aus diesen Tausenden von Kilogrammen des Ausgangsmaterials einige Zehntel Gramm von Produkten abzuscheiden, die eine erstaunliche Radioaktivität besitzen im Vergleich mit dem Erz, aus dem sie stammen. Es ist klar, daß alle diese Arbeiten langwierig, mühselig und kostspielig sind. Ich habe mich besonders mit der Abtrennung des Radiums und des Poloniums befaßt. Nach langer Arbeit gelang es mir, das Radium in der Form einer reinen chemischen Verbindung zu erhalten."

Eine große Anzahl eingehender Untersuchungen führte zu der völlig einwandfreien Feststellung der Tatsache, daß das Radium ein regelrechtes chemisches Element ist. Gleich den anderen Elementen vermag es chemische Verbindungen einzugehen; immer aber offenbart es die rätselhafte Eigenschaft der Radioaktivität. Ununterbrochen geht eine seltsame Strahlung von ihm aus; ununterbrochen erzeugt es beträchtliche Wärmemengen, und selbst bei ziemlich schwachen Präparaten, die also nur wenig Radium neben vieler, nichtradioaktiver Zumischung enthalten, kann man im verdunkelten Zimmer ein deutliches Leuchten wahrnehmen. Wie soll man für alle diese Dinge eine zufriedenstellende Erklärung finden?

Der Beantwortung dieser Frage haben sich die physikalische und die chemische Forschung etwa seit dem Beginn des 20. Jahrhunderts gewidmet. Aus ihr heraus haben sich Fortschritte entwickelt, von denen noch vor wenigen Jahrzehnten auch die kühnste Phantasie sich nichts hätte träumen lassen. Einblicke in die tiefsten Geheimnisse der Natur wurden uns dabei erschlossen. Und unser Weltbild erfuhr eine wundervolle Erweiterung. —

Der Ausbau der modernen Physik — und damit zugleich

auch, wie wir sehen werden, der modernen Chemie — knüpft an das Studium der Vorgänge an, die sich beim Durchgang von hochgespannter Elektrizität durch Gase abspielen. Als Quelle von hochgespannter Elektrizität dient im allgemeinen ein sogenannter Funkeninduktor, auf dessen Wirkungsweise wir uns hier nicht näher einzulassen brauchen. Derselbe besitzt zwei Pole, wovon der eine positive, der andere negative Elektrizität liefert. Befestigt man an jedem dieser Pole je einen Draht, so springt zwischen deren beiden freien Enden bei hinreichender Annäherung ein heller Funken über. Entfernen wir die beiden Drähte voneinander, so hört das lebhafte Funkenspiel sehr bald wieder auf; die allzu große Luft-

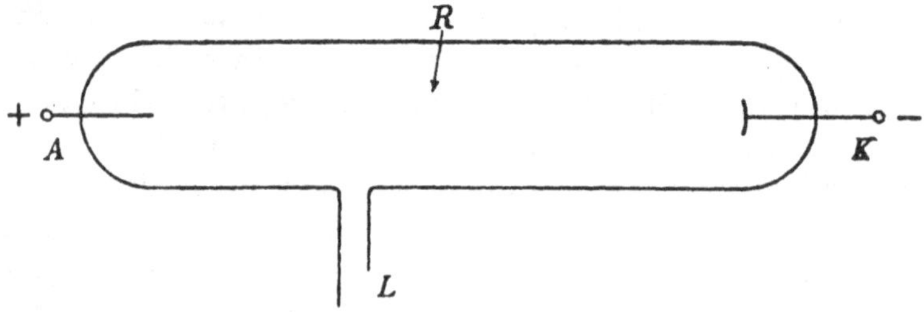

Figur 4

schicht zwischen den Drahtenden verhindert den Elektrizitätsausgleich. Um ihn wieder zu ermöglichen, muß die Luft verdünnt werden. Man benutzt dabei die in Figur 4 gezeichnete Anordnung. R ist eine längere, ziemlich weite, allseitig geschlossene Glasröhre, in deren beiden Enden die Platindrähte A resp. K eingeschmolzen sind. Diese Drähte werden als Elektroden bezeichnet, und zwar nennt man diejenige, die mit dem positiven Pol des Funkeninduktors in Verbindung gebracht wird, die Anode (A in Figur 4), während die andere, die Zuführungsstelle der negativen Elektrizität, die Kathode heißt (K). Durch einen kurzen seitlichen Ansatz L steht die Röhre R mit einer Luftpumpe in Verbindung, um auf bequeme Weise die Luft aus dem Rohr entfernen zu können.

Nachdem die Luftpumpe eine Zeitlang gearbeitet hat, kann man bei genügender Verdunkelung des Zimmers im Innern der Röhre eine überaus farbenprächtige Erscheinung beobachten. Von der Anode, also der positiven Elektrode, geht ein breites, verwaschenes, bläuliches Lichtband aus, das in die negative Elektrode mündet. Mit wachsender Luftverdünnung löst dieses Band sich mehr und mehr von der Kathode ab; vor der Kathode liegt dann also ein lichtfreier Raum, den man als den Faradayschen Dunkelraum bezeichnet, während das Lichtband die positive Lichtsäule genannt wird. An der Kathode selbst tritt ein kleines, ziemlich schwaches Lichtbüschel auf, das rosa gefärbte negative Glimmlicht. Je mehr die Luftmenge abnimmt, um so kleiner wird die positive Säule, um so größer also der Faradaysche Dunkelraum. Schließlich ist von der ganzen positiven Lichtsäule überhaupt nichts mehr zu sehen. In diesem Augenblick jedoch gibt es etwas besonders wichtiges zu beobachten. An denjenigen Stellen nämlich, welche der Kathode genau gegenüberliegen, beginnt das Glas der Röhrenwand in heller, wunderbar grüner Farbe aufzuleuchten. Dieses Leuchten wird von einer Strahlung hervorgerufen, die bei etwa hunderttausendfacher Luftverdünnung von der Kathode ausgeht, und die man daher als Kathodenstrahlung bezeichnet hat.

Zur genaueren Untersuchung der Kathodenstrahlen kann man eine Röhre benützen, wie wir sie in unserer Figur 5 schematisch gezeichnet haben. K ist die Kathode, die für spätere Zwecke aus einer siebartig durchlöcherten Platte besteht. Unter Bl ist eine Blende zu verstehen, das heißt eine kreisrunde Metallscheibe, welche den ganzen Querschnitt der Röhre ausfüllt und die nur in ihrer Mitte eine kleine Öffnung aufweist. G sei ein kleines Metallplättchen, welches durch einen in die Röhre eingeschmolzenen Draht in der Höhe der Blendenöffnung festgehalten wird. Bei A befindet sich die Anode, die Zufuhrstelle der positiven Elektrizität. Sch ist ein Schirm, der mit Zinksulfid bestrichen ist, und den man nach Wunsch in die Mitte der Röhre bringen oder aber auch beiseite klappen kann. Mit L wurde wieder der Rohransatz bezeichnet, der zur Luftpumpe führt, während F eine sogleich näher zu besprechende Einrichtung darstellt. Werden jetzt A und K mit den entsprechenden Polen eines Funkeninduktors verbunden, so bemerkt man sofort ein helles Aufleuchten des Zinksulfidschirms Sch. Daraus folgt, daß die Kathodenstrahlen sich geradlinig von ihrer Entstehungsstelle K aus fortpflanzen, das Loch in der Blende L durchsetzen und auf

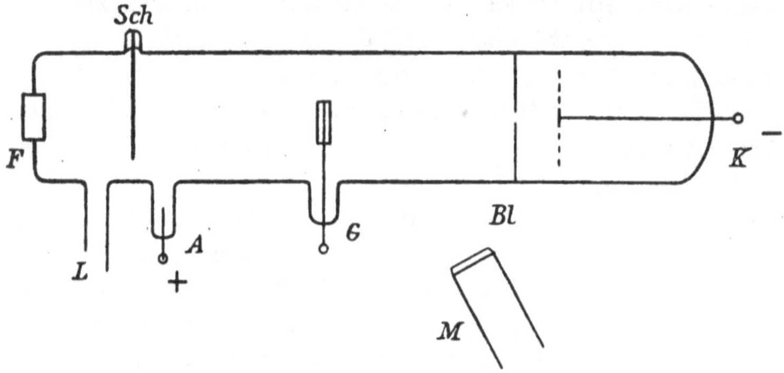

Figur 5

den Schirm Sch treffen, ohne sich um die Anode A zu kümmern, die gänzlich abseits von dem Wege der Strahlen liegt. Bei näherem Zusehen bemerkt man nun auf dem Schirm Sch ein deutliches Schattenbild der bei G angebrachten Metallplatte. Das Zustandekommen dieses Schattenbildes ist leicht zu deuten. Auf ihrem Wege zu Sch treffen gewisse Teile der Kathodenstrahlung gegen die Platte G; sie werden von ihr zurückgehalten, und nur die ringsumher an der Platte vorbeifliegenden Strahlen können zu Sch gelangen und dort das Aufleuchten des Zinksulfids veranlassen. Selbstverständlich leuchtet Sch nur dort, wo die Kathodenstrahlen direkt auftreffen; die abschirmende Wirkung der Platte G muß sich also auf Sch durch das Dunkelbleiben einer entsprechenden Fläche offenbaren. Sobald man außerhalb der Röhre zwischen G und Bl einen Magneten M der Glaswand nähert, nimmt das Schattenbild von G auf Sch eine veränderte Lage ein, und wenn man den Magneten M rythmisch auf- und abbewegt, so tanzt auch jenes Schattenbild in entsprechender Weise hin und her. Daraus folgt, daß die Kathodenstrahlen durch magnetische Kräfte in ihrem Lauf beeinflußt, mit anderen Worten aus ihrer sonst geradlinigen Bahn abgelenkt werden. Verbindet man nun G mit dem Faden F unseres in Figur 2 gezeichneten Elektrometers, so macht sich eine elektrische Aufladung dieses Fadens bemerkbar, und zwar handelt es sich dabei um eine negative Ladung. Ist die Platte G nicht allzu stark, und wendet man einen einigermaßen kräftigen Funkeninduktor zur Erzeugung der Kathodenstrahlen an, so gerät die Platte G nach kurzer Zeit in heftige Weißglut. Die Kathodenstrahlen müssen also auf G mit mächtiger Wucht aufprallen, das heißt, sie müssen sich mit überaus großer Geschwindigkeit ausbreiten.

Die Gesamtheit der eben geschilderten Beobachtungen wird mühelos verständlich, wenn man die Annahme macht, daß die Kathodenstrahlen allerkleinste materielle Teilchen darstellen, welche eine negative elektrische Ladung tragen und die mit wahnsinniger Geschwindigkeit von der Kathode K in geradliniger Richtung ausgestrahlt werden. Ein einzelnes derartiges Kathodenstrahlteilchen bezeichnen wir heute als ein Elektron. Besondere Messungen, mit deren Einzelheiten wir uns hier nicht vertraut zu machen brauchen, gestatteten die Ermittelung der Masse, der elektrischen Ladung und der Geschwindigkeit eines einzelnen Kathodenstrahlteilchens. Auf die beiden erstgenannten Größen werden wir später noch ausführlich zurückzukommen haben; an dieser Stelle mag die Angabe genügen, daß die Geschwindigkeit der Kathodenstrahlen innerhalb einer solchen Röhre den unvorstellbar großen Betrag von einhunderttausend Kilometern pro Sekunde zu erreichen vermag.

Dem Heidelberger Physiker Ph. Lenard ist es erstmals gelungen, die Kathodenstrahlen aus dem Innern einer mit hochverdünnter Luft gefüllten Röhre in die gewöhnliche atmosphärische Luft austreten zu lassen. Zu diesen Zwecken benutzt man die Einrichtung F in unserer Figur, die man heute allgemein als Lenardfenster bezeichnet und die im wesentlichen aus einer außerordentlich feinen, völlig dichten Aluminiumfolie besteht. Durch diese dünne Metallhaut vermag die Luft nicht durchzutreten, trotzdem sie natürlich von außen her mit großer Gewalt gegen sie drückt. Die Kathodenstrahlen dagegen gelangen, sobald der Schirm Sch beiseite geklappt wird, durch sie hindurch ins Freie, so daß man also auch außerhalb der Röhre mit ihnen arbeiten kann. Die diesbezüglichen Untersuchungen Lenards brachten die vollständige Bestätigung der Annahme, daß die Kathodenstrahlen nichts anderes als einen äußerst schnell dahinschwirrenden Schwarm von Elektronen darstellen.

Als Wilhelm Conrad Röntgen, damals Professor der Physik an der Universität Würzburg, heute in gleicher Eigenschaft an der Universität München tätig, gegen Ende des Jahres 1895 mit einer Kathodenstrahlenröhre experimentierte, gelang ihm die Entdeckung einer völlig neuen Strahlenart, die man ihm zu Ehren sehr bald als Röntgenstrahlen bezeichnet hat. Die sonderbaren Eigenschaften dieser Strahlung sind ja heutigentags allgemein bekannt. Sie entstehen immer dann, wenn Kathodenstrahlen auf feste Körper prallen, in unserer Figur 5 also insbesondere an der Metallplatte G. Ihre eingehendere Untersuchung hat mit dem Ergebnis geendigt, daß ihre Natur von der der Kathodenstrahlen völlig verschieden ist. Bei ihnen handelt es sich keineswegs um eine aus materiellen Teilchen bestehende Strahlung, eine sogenannte Korpuskularstrahlung, sondern um eine besondere, durchaus unsichtbare lichtähnliche Strahlung. Sie werden durch einen Magneten nicht abgelenkt und besitzen ein überaus großes Durchdringungsvermögen. Papier, Pappe, Zeugstoffe und tierisches Muskelgewebe durchsetzen sie selbst in dickeren Schichten fast ungeschwächt, und nur durch dickere Metallstücke oder Knochen werden sie einigermaßen stark zurückgehalten. Außerdem vermögen sie die empfindliche Schicht einer photographischen Platte zu schwärzen, so daß man mit ihrer Hilfe beispielsweise die Knochen in der Hand eines lebenden Menschen photographieren kann. Man braucht dazu nur eine photographische Platte in schwarzes Papier einzuhüllen, die Schichtseite nach oben zu wenden und auf das Papier die Hand zu legen. Bestrahlt man dann von oben her mit Röntgenstrahlen, so dringen diese durch das Fleisch und das Papier glatt zur lichtempfindlichen Schicht der Platte vor und schwärzen sie. Die Knochen dagegen halten die Röntgenstrahlen zurück, werfen also auf die Platte ein Schattenbild, welches sich bei dem photographischen Entwicklungsverfahren der Platte auf schwarzem Grunde in deutlicher Helligkeit abhebt.

Doch wenden wir jetzt unsere Aufmerksamkeit noch einmal den Vorgängen in der in Figur 5 gezeichneten Röhre zu. Während die Kathodenstrahlen von K aus geradlinig nach links hin fortschreiten, kann man bei näherer Untersuchung auch in dem Raum rechts von K, also hinter der siebartig durchlöcherten Platte, eine Strahlung wahrnehmen, die im Jahre 1886 von dem Berliner Physiker Eugen Goldstein entdeckt wurde. Man bezeichnet sie aus leicht verständlichem Grunde als Kanalstrahlen; treten sie doch durch die Kanäle in der Kathode K in den rechten Teil der Röhre ein. Auch die Kanalstrahlen werden durch den Magneten beeinflußt; auch sie weisen im allgemeinen eine elektrische Ladung auf, und auch bei ihnen ist man genötigt, sie als eine Korpuskularstrahlung anzusprechen. Während aber die Kathodenstrahlen eine negative Ladung tragen, besitzen die Kanalstrahlen eine positive Ladung, und auch in der Größe der Teilchen besteht gegenüber den Kathodenstrahlen ein ganz beträchtlicher Unterschied. Doch werden wir auf diese Dinge erst bei einer späteren Gelegenheit näher einzugehen haben.

Stellen wir jetzt noch einmal in übersichtlicher Anordnung diejenigen Strahlungsarten zusammen, die wir bisher kennen gelernt haben, so erhalten wir das folgende Schema:

1. Kathodenstrahlen; negativ elektrisch geladene Korpuskularstrahlung, aus sogenannten Elektronen bestehend.
2. Kanalstrahlen; im allgemeinen positiv elektrisch geladene Korpuskularstrahlung.
3. Röntgenstrahlen; eine besondere Art der „Lichtstrahlung", die sicherlich nicht aus materiellen Teilchen besteht.

Nachdem wir diese Kenntnisse uns angeeignet haben, drängt sich uns natürlich die Frage auf, um was es sich denn eigentlich bei der radioaktiven Strahlung handelt, welche von Becquerel entdeckt wurde und die von den radioaktiven chemischen Elementen andauernd von selbst ausgesandt wird. Stellt sie eine neue Strahlenart dar? Oder läßt sie sich in irgend eine der drei soeben behandelten Strahlengruppen einordnen?

Der englische Forscher Sir Ernest Rutherford, Professor der Physik an der Universität Manchester, war es, der im Jahre 1899 durch eine sehr ausgedehnte Reihe von Experimenten die genannten Fragen zur Entscheidung brachte. Und zwar lassen sich seine Ergebnisse folgendermaßen zusammenfassen. Die radioaktive Strahlung ist im allgemeinen nicht einheitlich, sondern sie setzt sich aus drei verschiedenen Bestandteilen zusammen:

1. den sogenannten α-Strahlen, einer Korpuskularstrahlung mit positiv elektrisch geladenen Einzelteilchen;

2. den sogenannten β-Strahlen, die ebenfalls eine Korpuskularstrahlung sind, aber eine negative elektrische Ladung tragen und Elektronen darstellen;
3. den sogenannten γ-Strahlen, die sicherlich nicht aus materiellen Teilchen bestehen, sondern in mannigfacher Hinsicht einer unsichtbaren „Lichtstrahlung" ähnlich sind.

Vergleicht man diese Zusammenstellung mit der kurz vorher gegebenen, so sieht man sogleich, daß die einzelnen Arten der radioaktiven Strahlung durchaus mit den Kanalstrahlen, den Kathodenstrahlen und den Röntgenstrahlen in eine Reihe zu setzen sind. Wir haben also in den radioaktiven Substanzen natürliche Quellen für diejenigen Strahlungen zu erblicken, welche sich auf künstlichem Wege in einer luftverdünnten Röhre durch elektrische Entladungsvorgänge erzeugen lassen.

Die Zerfallstheorie und der Stammbaum der chemischen Elemente

Die drei radioaktiven chemischen Elemente, welche wir bisher kennen gelernt haben — das Uran, das Polonium und das Radium — wurden sämtlich aus uranhaltigen Stoffen erhalten. Selbstverständlich liegt die Frage nahe, ob damit die Anzahl derjenigen Elemente, denen die Eigenschaft der Radioaktivität zukommt, vollkommen erschöpft ist, oder aber ob es noch weitere chemische Elemente gibt, welche eine aus α-, β- und γ-Strahlen zusammengesetzte Strahlung auszusenden vermögen. Schon frühzeitig wurden diesbezügliche Untersuchungen in größtem Umfange ausgeführt, und sehr bald kam man dabei zu der Einsicht, daß es eine recht beträchtliche Reihe radioaktiver Elemente gibt. Im Jahre 1896 hatte Becquerel die Radioaktivität der Uranverbindungen entdeckt, und bereits zwei Jahre später, also im Jahre 1898, traten kurz nacheinander G. C. Schmidt und Madame Curie mit der Mitteilung hervor, daß auch das Thorium sowie seine sämtlichen chemischen Verbindungen freiwillig Strahlen aussenden, welche der atmosphärischen Luft eine beträchtliche Leitfähigkeit erteilen. Während aber der Grad der erzielten Leitfähigkeit beim Uran und seinen Verbindungen völlig unabhängig davon war, in welcher Schichtdicke die zu untersuchende Substanz sich auf der Präparatenplatte des Kondensators ausgebreitet befindet, zeigten sich bei den Thoriumverbindungen auffällige Unregelmäßigkeiten. So erhielt beispielsweise Madame Curie bei der Sauerstoffverbindung des Thoriums, dem Thoriumoxyd, die folgenden Resultate:

Schichtdicke	Leitfähigkeitsmaß
0,25 mm	2,2
0,50 mm	2,5
2,50 mm	4,7
3,00 mm	5,5
6,00 mm	5,5.

Ähnliche Erfahrungen machte Rutherford, und ihm gelang ihre restlose Erklärung. Rutherford fand nämlich, daß sämtliche Thoriumverbindungen außer ihrer radioaktiven Strahlung noch ein Gas absondern, welches selbst die Eigenschaft der Radioaktivität besitzt, und welches man als Thoriumemanation bezeichnet. Liegt nun eine Thoriumverbindung nur in sehr dünner Schicht auf der Kondensatorplatte, so wird nur verhältnismäßig wenig Emanation entwickelt, und für die erzeugte Leitfähigkeit der Luft ist im großen und ganzen nur die von der Oberfläche der Schicht ausgehende radioaktive Strahlung maßgebend. Mit zunehmender Schichtdicke aber nimmt die Menge der Emanation zu; sie durchdringt die Substanz, gelangt in den Raum des Kondensators hinein und entfaltet hier ihre eigene Radioaktivität; das heißt, auch sie beginnt ihrerseits radioaktive Strahlung auszusenden und dadurch der Luft eine elektrische Leitfähigkeit mitzuteilen. Trotzdem also die direkte radioaktive Strahlung der Thoriumverbindungen in ihrer Stärke lediglich von der Oberfläche, in der jene ausgebreitet liegt, abhängig ist — denn auch hier wird, genau wie beim Uran, die aus der Tiefe kommende Strahlung von den höher liegenden Schichten absorbiert, mithin am Austritt in die Luft verhindert — so sorgt dennoch die Radioaktivität der Thoriumemanation dafür, daß mit wachsender Schichtdicke auch die Stärke der Leitfähigkeit der Luft in bestimmter Weise zunimmt. Erst dann, wenn die Schichtdicke eine recht beträchtliche Größe erreicht, stellt sich wieder ein Gleichgewicht ein, weil dann auch der Emanation das Vordringen in den Kondensatorraum nicht mehr restlos möglich ist.

Daß es sich bei der Thoriumemanation um ein regelrechtes radioaktives Gas handelt, zeigt mit besonderer Anschaulichkeit ein Versuch, der erstmals von Rutherford angegeben wurde. In unserer Figur 6 möge R ein längeres Metallrohr bedeuten. W_1 ist ein Wattebausch, P irgend eine Thoriumverbindung und W_2 ein zweiter Wattebausch, der den ganzen Querschnitt des Rohres R voll ausfüllt. A, B, C, D und E sind kleineMetallscheibchen; sie sind an kurzen Metalldrähten befestigt, welche, durch kleine Bernsteinstopfen vom Metall isoliert, die Röhrenwand durchsetzen, und von denen jedes mit je einem Elektrometer in Verbindung steht. Durch das Rohr R wird von links her, also in der eingezeichneten Pfeilrichtung, ein Luftstrom geblasen, der durch den Pfropfen W_1 von mitgerissenen Staubteilchen befreit wird, sodann das Präparat P überstreicht, den zweiten Wattebausch W_2 passiert und schließlich der Reihe nach über die Platten A, B, C, D und E hinweggeht. Die von der Thoriumverbindung P abgegebene Thoriumemanation wird von diesem Luftstrom

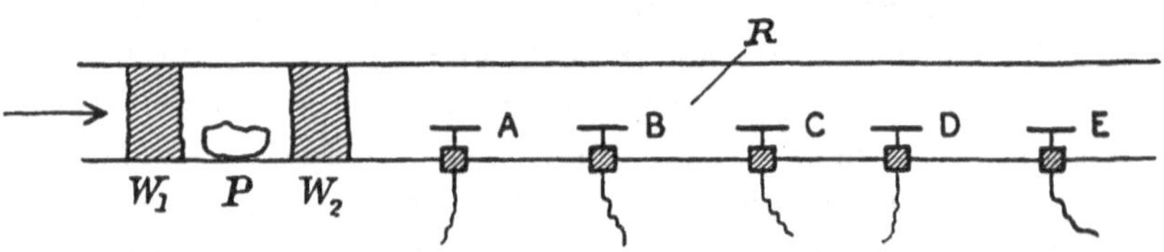

Figur 6

mitgerissen, und trotzdem durch W_2 alle etwa mitgeschleuderten festen Teilchen des Präparates P zurückgehalten werden, zeigen sämtliche mit den einzelnen Metallplatten A usw. verbundenen Elektrometer eine deutliche Leitfähigkeit der Luft an. Es muß also in der Tat die Thoriumemanation selbst radioaktiv sein. Stellt man einen entsprechenden Versuch mit einem Uranpräparat an, das statt der Thoriumverbindung bei P angebracht ist, so bleibt die Leitfähigkeit der Luft aus, zum Zeichen dafür, daß das Uran keine radioaktive Emanation abzugeben vermag.

Vergleicht man nun die Werte der Leitfähigkeit untereinander, welche die Luft bei Verwendung von Thoriumverbindungen an den Stellen A, B usw. annimmt, so findet man das merkwürdige Resultat, daß diese Leitfähigkeit immer schwächer wird, je weiter man sich von W_2 entfernt. Und zwar ist die Leitfähigkeitsabnahme zwischen je zwei benachbarten Platten — also beispielsweise zwischen B und C — um so größer, je geringer die Geschwindigkeit des Luftstroms ist. Daraus kann mit Sicherheit der Schluß gezogen werden, daß die Leitfähigkeit der mit Thoriumemanation durchsetzten Luft im Laufe der Zeit abnimmt. Wenn wir uns nun daran erinnern, daß die Ursache der Leitfähigkeit in einer Strahlung gesucht werden muß, welche von der Thoriumemanation als einer radioaktiven Substanz ausgesandt wird, so ist damit nichts anderes ausgesprochen, als daß die Stärke der Radioaktivität der Thoriumemanation im Laufe der Zeit immer schwächer wird. Der von Rutherford angegebene Apparat unserer Figur 6 gestattet sogar, in bequemer Art und Weise den zeitlichen Verlauf der Abnahme der Radioaktivität der Thoriumemanation messend zu verfolgen. Mißt man nämlich einmal die Geschwindigkeit der durchströmenden Luft, andererseits den Abstand etwa zwischen den beiden Platten B und C, so weiß man, wieviel Zeit vergeht, bis die strömende Emanation von B nach C gelangt. Die Abnahme der Stärke ihrer Radioaktivität während dieser Zeit geht aus den beiden Leitfähigkeitsmessungen an den Platten B und C hervor; deren Unterschied ist ja gleich jener gesuchten Abnahme zu setzen. Oder aber man stellt den Luftstrom in einem bestimmten Augenblick ab, verschließt das rechte Ende des Rohres R und mißt zu verschiedenen Zeiten den Grad der Luftleitfähigkeit an einer und derselben Platte, also beispielsweise an der Platte C. Bei einer solchen Messungsreihe erhielt Rutherford die folgenden Resultate:

Zahl der seit dem Abstellen des Luftstroms gemessenen Sekunden	zugehöriges Leitfähigkeitsmaß
0	100
28	69
62	51
118	25
155	14
210	6,7
272	4,1
360	1,8

Wie man aus dieser Zusammenstellung leicht ersieht, ist das Leitfähigkeitsvermögen der Luft nach etwa 60 Sekunden, das heißt also einer Minute, auf die Hälfte des anfänglichen Betrages herabgesunken. Der Stärke der Leitfähigkeit entspricht die Stärke der Radioaktivität der Thoriumemanation, und so kommen wir also zu dem überraschenden Ergebnis, daß die Radioaktivität der Thoriumemanation mit außerordentlich großer Geschwindigkeit abnimmt. Schon nach einer einzigen Minute hat sie sich um die Hälfte ihres ursprünglichen Wertes vermindert.

Eine weitere, ebenfalls höchst merkwürdige Entdeckung wurde im Jahre 1899 von dem Ehepaar Curie gemacht. Sie fanden nämlich, daß beim Arbeiten mit radiumhaltigen Substanzen sämtliche Gegenstände, die sich einige Zeit in der Nähe dieser Substanzen befinden, selbst radioaktiv werden. Bringt man also einen solchen Gegenstand im Kondensator zur Untersuchung, so offenbart unter seinem Einfluß die Luft eine beträchtliche Zunahme ihrer elektrischen Leitfähigkeit. Aber auch die Radioaktivität dieser Gegenstände, die von den Curies als „induzierte Radioaktivität" bezeichnet wurde, nimmt im Laufe der Zeit sehr schnell ab, und schon nach kaum 24 Stunden ist sie wieder völlig verschwunden. Ähnliche Beobachtungen machte Rutherford bei den Thoriumverbindungen. Da nun diese sich durch die Abgabe eines radioaktiven Gases, eben der Thoriumemanation, auszeichnen, so lag der Gedanke nahe, diese Emanation in einen Zusammenhang mit der induzierten Radioaktivität zu bringen. In der Tat konnte auch sehr bald gezeigt werden, daß eine induzierte Radioaktivität immer nur dann auftritt, wenn die betreffende radioaktive Substanz neben ihrer eigenen radioaktiven Strahlung eine Emanation, also ein radioaktives Gas, abgibt. Auch das Radium, an dem ja die beiden Curies die Erscheinung der induzierten Radioaktivität entdeckt hatten, gibt nämlich, wie von E. Dorn im Jahre 1900 gefunden wurde, eine eigentümliche Emanation ab, deren Eigenschaften von denjenigen der Thoriumemanation in mancher Hinsicht erheblich abweichen. Insbesondere ist die Abnahme der Radioaktivität bei der Radiumemanation eine wesentlich langsamere als bei der Thoriumemanation.

Wenn nun auch gewisse Beziehungen zwischen der Abgabe einer Emanation und dem Auftreten von induzierter Radioaktivität unzweifelhaft vorhanden sind, so blieb doch die Natur dieser Beziehungen zunächst noch völlig unklar. Als sicher konnte einstweilen nur die Tatsache gelten, daß beispielsweise die von Radiumverbindungen hervorgerufene „induzierte Radioaktivität" eine durchaus andere ist als die Radioaktivität der mit ihr vereint auftretenden Radiumemanation. Induzierte Radioaktivität und Radioaktivität der Radiumemanation sind also durchaus wesensverschieden; nur stehen sie in irgend einem ursächlichen Zusammenhang miteinander.

Im Jahre 1899 entdeckte A. Debierne ein neues radioaktives chemisches Element, das gleich dem Radium und dem Polonium aus der Pechblende abgeschieden wurde, und dem Debierne den Namen Aktinium verlieh. Neben seiner Strahlung gibt es ein radioaktives Gas ab, die Aktiniumemanation, und auch hier zeigte sich als Folgeerscheinung dieser Emanationsentwicklung eine „induzierte Radioaktivität". Die Aktiniumemanation verliert ihre Radioaktivität außerordentlich schnell: schon nach ungefähr 4 Sekunden hat deren Stärke sich um die Hälfte vermindert.

Während der ersten Jahre des zwanzigsten Jahrhunderts wurden sodann in rascher Folge weitere radioaktive Elemente aufgefunden. Mehr und mehr drängte sich daher den Forschern die Frage auf, wie man die Erscheinungen der Radioaktivität zu deuten habe, insbesondere in welchen Beziehungen die einzelnen radioaktiven Elemente zueinander ständen. Des Rätsels Lösung wurde durch eine Entdeckung von Sir William Ramsay und Frederick Soddy angebahnt, die neben der ersten Auffindung der Radioaktivität durch Becquerel von der größten Bedeutung für die weitere Entwicklung der physikalischen und der chemischen Wissenschaft geworden ist. Mit ihr müssen wir uns aus diesem Grunde unbedingt vertraut machen, obwohl zu ihrem Verständnis ein weiteres Ausholen unvermeidlich ist.

Läßt man einen Lichtstrahl durch einen prismenförmigen Glaskörper hindurch gehen, so wird er im allgemeinen in ein Bündel farbiger Lichtstrahlen zerlegt. In auffälliger Weise offenbart sich das, wenn das Licht der Sonne im Prismenschmuck eines alten Kronleuchters spielt. Dann glüht das Glas in prächtigen Farben, und an den Wänden des Zimmers tauchen winzige Regenbogen auf. Weit übersichtlicher freilich gestalten sich die Verhältnisse bei Benutzung einer Anordnung, die wir in unserer Figur 7 in schematischer Zeichnung wiedergeben. Aus den Strahlen einer Lichtquelle L — beispielsweise einer elektrischen Bogenlampe — wird durch die spaltförmige Blende Sp, kurz Spalt genannt, ein schmales Bündel ausgesondert. Dieses durchsetzt die Sammellinse S und dann das Glasprisma P. Sch ist ein genügend großer weißer Schirm; auf dem an der Stelle A beim Fehlen des Prismas P ein scharfes Bild des Spaltes Sp erscheinen würde, welches durch die Sammellinse dort entworfen wird. Ist aber das Prisma P in den Gang der Strahlen an der in der

Figur bezeichneten Stelle eingeschaltet, so fängt der Schirm Sch bei B ein mehr oder weniger breites Farbenband auf. Die Entstehung dieses Bandes ist leicht gedeutet. Das weiße Licht der Lichtquelle L ist nämlich nicht einheitlich zusammengesetzt, sondern es besteht aus einer überaus reichhaltigen Mischung verschiedener Lichtsorten. Jede einzelne dieser Lichtsorten würde, wenn sie alleine unser Auge träfe, den Eindruck einer ganz bestimmten Farbe in uns hervorrufen. Indem sich aber sämtliche Lichtsorten zu einer gleichmäßigen

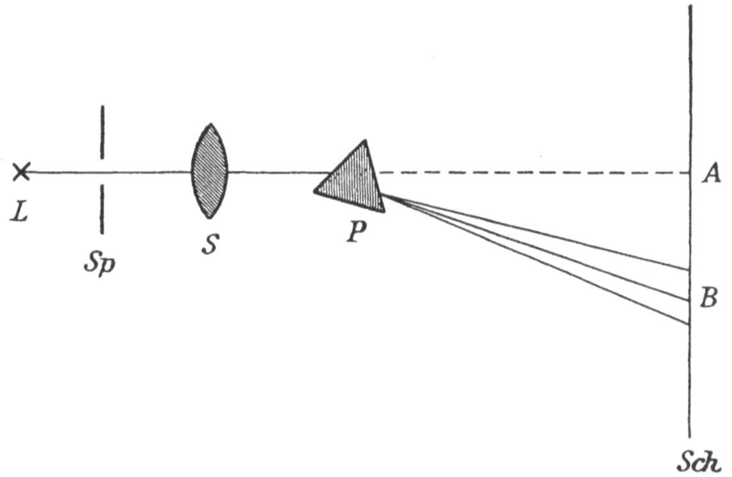

Figur 7

Mischung zusammensetzen, rufen sie in unserem Auge als Gesamteindruck das „Weiß" hervor. Das Prisma lenkt, wie wir aus unserer Figur (oder noch besser bei einem wirklichen Versuch) deutlich sehen können, die Lichtstrahlen aus ihrer ursprünglichen Fortpflanzungsrichtung um einen ganz bestimmten Betrag ab. Das Maß der Ablenkung ist jedoch für jede einzelne Lichtsorte ein anderes; die eine wird mehr, die andere weniger abgelenkt. Infolgedessen wird beim Durchgang durch das Prisma das anscheinend einheitliche weiße Lichtbündel gewissermaßen fächerartig auseinandergezogen. Die einzelnen Lichtsorten werden, eben durch ihre verschiedene Ablenkbarkeit, räumlich voneinander getrennt, und da im weißen Licht ihre gegenseitige Durchmischung dermaßen gründlich ist, daß jede einzelne Lichtsorte die ganze Breite des Spaltes Sp gleichmäßig durchsetzt, so müssen auf dem Schirm Sch eine Unzahl von nebeneinander liegenden Spaltbildern erscheinen, welche alle eine andere Farbe besitzen. Indem sie sich lückenlos aneinander reihen, gewähren sie unserem Auge das Bild eines einheitlichen, überall verschiedenartig gefärbten Bandes. Im Grunde aber stellt dieses Band, das man als ein Spektrum bezeichnet, nur eine Folge einzelner Spaltbilder dar, die ohne Zwischenraum nebeneinander liegen.

Aus dieser Schilderung geht ohne weiteres hervor, daß keineswegs jede beliebige Lichtquelle ein derartiges Spektrum ergeben wird, wenn man ihre Strahlen durch ein Prisma hindurchgehen läßt. Denn ein solches Spektrum kann selbstverständlich nur dann entstehen, wenn auch wirklich alle möglichen Lichtsorten in der benutzten Lichtquelle erzeugt werden. Ob das aber immer der Fall sein wird, muß sogleich zweifelhaft erscheinen, und die Erfahrung hat gezeigt, daß dieser Zweifel berechtigt ist. Nur ein einziges Beispiel dieser Art wollen wir hier anführen. An die Stelle von L in unserer Figur 7 bringen wir eine durch passende Luftzufuhr möglichst weitgehend entleuchtete Gasflamme. Sobald wir den Rand des Gasbrenners mit Kochsalz bestreichen, leuchtet die Flamme in wundervoll gelbem Licht. Bei B jedoch ist kein Spektrum zu sehen nach Art des Spektrums der zuvor benutzten Bogenlampe, sondern wir sehen im großen und ganzen nur eine einzige gelbe Linie auftauchen. Also keine bandartig aneinandergereihte Fülle von Spaltbildern in den verschiedensten Farben, sondern nur ein einziges Spaltbild in ganz bestimmtem gelben Licht! Daraus ist zu schließen, daß das Licht einer Kochsalzflamme nur aus dieser einen, ganz bestimmten gelben Lichtsorte besteht, alle anderen Lichtsorten aber in ihr völlig fehlen. Nun ist das Kochsalz eine chemische Verbindung des Metalles Natrium mit dem Gase Chlor. Nimmt man irgend eine andere Verbindung des Natriums, zum Beispiel das Jodnatrium, und wiederholt mit ihm den soeben beschriebenen Versuch, so erscheint auch dann wieder die gleiche gelbe Linie wie zuvor beim Kochsalz. Beiden Stoffen gemeinsam ist der Gehalt an Natrium, und so werden wir die gelbe Linie diesem Natrium zuzuschreiben haben. Man spricht auch hierbei von einem Spektrum und sagt daher, daß das Spektrum des chemischen Elementes Natrium aus einer bestimmten gelben Linie besteht. Entsprechendes gilt aber von allen anderen chemischen Elementen. Jedes einzelne von ihnen hat ein ganz bestimmtes, im allgemeinen aus mehreren Linien bestehendes Spektrum, das von den Spektren der übrigen Elemente durchaus verschieden ist. Auf Grund dieser Verschiedenheit ist man in der Lage, nach Ermittelung der Spektren sämtlicher chemischen Elemente durch Ausführung des oben beschriebenen Experiments — allerdings in wesentlich verfeinerter Form — in einem unbekannten Stoff die Anwesenheit bestimmter Elemente mit Sicherheit nachzuweisen. Die Empfindlichkeit dieses Verfahrens, das man als Spektralanalyse bezeichnet, ist so außerordentlich groß, daß sich selbst solche Mengen eines chemischen Elements, die nur den millionsten Teil eines einzigen Gramms betragen, ihrer Auffindung nicht entziehen können.

Nach diesen vorbereitenden Erörterungen werden wir die bereits erwähnte Entdeckung von Ramsay und Soddy mühelos verstehen können. Diese Forscher sammelten nämlich die Radiumemanation, die sich aus einer größeren Menge eines reinen Radiumsalzes abgeschieden hatte, und führten sie in ein kleines Röhrchen ein, das — in ähnlicher Weise wie das Rohr R unserer Figur 4 — mit zwei eingeschmolzenen Elektroden versehen war. Durch den elektrischen Strom eines Funkeninduktors brachten sie sodann auf dem früher von uns beschriebenen Wege den Gasinhalt des Röhrchens zum Leuchten und untersuchten dieses Licht mit Hilfe der Spektralanalyse. Wurde der Versuch nach einigen Tagen mit genau demselben Röhrchen wiederholt, so erhielten Ramsay und Soddy in vollendeter Deutlichkeit das Spektrum des chemischen Elementes Helium, trotzdem davon unmittelbar nach der Einführung der frischen Emanation in das Röhrchen auch nicht das geringste zu bemerken gewesen war. Das Helium mußte sich also aus der Radiumemanation gebildet haben — ein Ergebnis, das im Verlauf weiterer Arbeiten zur unumstößlichen Gewißheit erhoben wurde.

Die soeben behandelte Entdeckung von Ramsay und Soddy wurde im Jahre 1903 gemacht. Aus demselben Jahre stammt eine von Rutherford und Soddy entwickelte Theorie, durch welche die Gesamtheit der bis dahin bekannten radioaktiven Erscheinungen eine einheitliche Erklärung fand und welche sich in der Folgezeit auf das glänzendste bewährt hat. Ihr Grundgedanke ist der folgende. Die radioaktiven chemischen Elemente sind solche Elemente, die sich in einer Umwandlung, in einem Zerfall befinden, und als Folgeerscheinung ihres Zerfalls tritt die radioaktive Strahlung auf. Betrachten wir zum Beispiel das Radium, so wandelt sich dieses unter Aussendung von α-Strahlen in ein neues chemisches Element, in die Radiumemanation, um. Radium ist ein festes Element, Radiumemanation dagegen ein gasförmiges. Aber auch die Radiumemanation ist keineswegs beständig. Auch sie zerfällt unter Aussendung von α-Strahlen. Als Endprodukt ihres Zerfalls erscheint ein neues, festes Element, das sich auf allen denjenigen Gegenständen niederschlägt, die mit der Radiumemanation in Berührung kommen. Dieses neue Element bildet die Quelle der von dem Ehepaar Curie entdeckten „induzierten Radioaktivität", von der wir ja zuvor in aller Ausführlichkeit gesprochen haben. Und jetzt verstehen wir auch, warum eine „induzierte Radioaktivität" sich stets nur bei solchen radioaktiven Substanzen bemerkbar machen kann, die eine Emanation abgeben. Denn wenn irgend ein radioaktives Element sich infolge seines Zerfalls in ein zweites, festes Element umwandelt, so wird dieses zweite Element natürlich lediglich dort zur Abscheidung gelangen, wo jenes erste Element sich gerade befindet. Ist nun jenes erste Element ein fester Körper, so ist es an einen ganz bestimmten Aufenthaltsort gebunden, und nur an diesem selben Ort kann daher das zweite Element entstehen. Ist dagegen das erste Element gasförmig, so vermag es überall hinzugelangen; es schweift gewissermaßen frei umher, und deshalb kann es sein Zerfallsprodukt an beliebigen Stellen ablagern. Aus radioaktiven Emanationen entstehen auf diese Weise radioaktive Niederschläge, und da das Radium, das Thorium und das Aktinium die einzigen emanationsliefernden chemischen Elemente sind, so kann auch nur bei ihnen eine „induzierte Radioaktivität" in Erscheinung treten.

Was aber hat nun die von Ramsay und Soddy entdeckte Tatsache zu bedeuten, daß Helium aus Radiumemanation erzeugt wird? Sollte das Helium ein Umwandlungsprodukt der Radiumemanation sein? Wir hörten doch eben, daß aus der Radiumemanation infolge ihres Zerfalls ein festes Element entsteht, das die Veranlassung zum Auftreten der „induzierten Radioaktivität" gibt! Außerdem freilich wird noch eine α-Strahlung erzeugt; sollte sie etwa mit jenem Helium im Zusammenhang stehen?

In der Tat hat sich diese Vermutung als richtig erwiesen. Zunächst wurde nämlich gefunden, daß bei dem Zerfall von Radium zur Radiumemanation, der doch auch von einer α-Strahlung begleitet wird, ebenfalls merkliche Mengen von Helium sich bilden. Später gelang dann Rutherford durch überaus sorgfältige Experimente der unantastbare Beweis, daß jede beliebige α-Strahlung vollkommen identisch mit Helium ist. Daraus wäre zu schließen: je stärker die α-Strahlung bei einer radioaktiven Umwandlung, desto mehr Helium wird gebildet — eine Tatsache, die ebenfalls mit zufriedenstellender Genauigkeit durch Versuche bestätigt werden konnte.

Auf Grund der Zerfallstheorie von Rutherford und Soddy löst sich nun auch die Frage, warum die Radioaktivität beispielsweise der Thoriumemanation im Laufe der Zeit immer schwächer wird und schließlich ganz und gar verschwindet. Diese Beobachtung wird vollkommen verständlich, wenn wir annehmen, daß der Zerfall der Thoriumemanation mit erheblicher Geschwindigkeit vor sich geht. Die Menge der Thoriumemanation nimmt also sehr schnell ab, und damit natürlich auch die Stärke ihrer Radioaktivität. Die Zerfallsprodukte sind in diesem Falle Helium und das Element des radioaktiven Niederschlages der Thoriumemanation. Helium ist ein nichtradioaktives Gas; der radioaktive Niederschlag dagegen zerfällt weiter, und auf diese Weise bildet sich eine ganze Kette chemischer Elemente, wobei eines immer aus dem anderen durch einen radioaktiven Zerfall hervorgeht.

Durch diese Erkenntnis ist die Chemie um einen Begriff bereichert worden, der ihr zuvor völlig fremd gewesen war: den Begriff der Lebensdauer eines chemischen Elementes. Die radioaktiven Elemente sterben; sie gehen auf in ihren Nachkommen. Die Länge ihres Lebens ist bei den einzelnen Elementen außerordentlich verschieden. Wir werden sogleich mancherlei davon zu hören bekommen. Geboren durch den Zerfall eines Mutterelements, schenkt jedes radioaktive Element durch seinen eigenen Zerfall einem Tochterelement das Leben. Und so geht es fort, durch viele Generationen. Verwandtschaftsbande binden sie zu einer großen Familie. Einer Familie, die ihren Stammbaum aufweisen kann, so gut wie ein uraltes menschliches Adelsgeschlecht. Aufgabe der Forschung ist es, diesen Stammbaum der radioaktiven Elemente möglichst lückenlos aufzudecken. Voller Stolz dürfen wir auf die bisher dabei erzielten Resultate hinblicken. Nur unter Überwindung gewaltiger Schwierigkeiten wurden sie erreicht, und das Elektrometer ward der wichtigste Wegweiser. Wir kommen auf Einzelheiten in einem späteren Kapitel zurück; an dieser Stelle wollen wir uns mit der Mitteilung der fertigen Ergebnisse begnügen.

Drei große Familien radioaktiver Elemente sind uns heute bekannt. Nach ihren wichtigsten Vertretern hat man sie als die Uran-Radiumreihe, die Thoriumreihe und die Aktiniumreihe bezeichnet. Ihre Stammbäume sind in unseren Tabellen I—III in übersichtlicher Anordnung enthalten; das Zahlenmaterial dafür wurde einer Veröffentlichung von Kasimir Fajans entnommen. Unter dem Namen eines jeden Elementes ist seine sogenannte Halbwertszeit angegeben. Sie bildet ein bequemes Maß für die Lebensdauer und bedeutet diejenige Zeit, nach deren Ablauf von einer beliebigen Menge des betreffenden radioaktiven Elements nur noch genau die Hälfte zurückgeblieben ist. Haben wir beispielsweise 1 Gramm Radium, so ist davon nach 1700 Jahren — der Halbwertszeit des Radiums, wie aus Tabelle I ersichtlich — nur noch ein halbes Gramm übrig; die andere Hälfte ist durch radioaktive Umwandlung zerfallen. Nach weiteren 1700 Jahren, insgesamt also nach 3400 Jahren, ist seine Menge auf $^1/_4$ Gramm zusammengeschrumpft; nach 5100 Jahren wäre nur noch $^1/_8$ Gramm vorhanden, und auf diese Weise geht es weiter, zu immer kleiner und kleiner werdenden Mengen. Ein Blick auf unsere Tabellen zeigt, zwischen welchen Grenzen die Halbwertszeit bei den verschiedenen Elementen schwankt. So beträgt sie beim Uran I, das — um ein von Arnold Sommerfeld gebrauchtes Wortspiel zu wiederholen — der Ur-Ahn der Uran-Radiumreihe ist, etwa 5000 Millionen Jahre; beim

Uran X_1 dagegen kaum einen Monat, beim Uran X_2 etwas mehr als eine Minute, und beim Radium C' den unvorstellbar kleinen Augenblick von etwa dem millionsten Teil einer einzigen Sekunde. Ähnliche Verschiedenheiten kehren sowohl in der Thoriumreihe als auch in der Aktiniumreihe wieder. Die Ermittelung dieser Halbwertszeiten geschieht mit Hilfe elektrometrischer Messungen; die zeitliche Abnahme der Leitfähigkeit, welche die Luft unter dem Einfluß der Strahlung eines bestimmten radioaktiven Elementes annimmt, läßt Schlüsse auf die Halbwertszeit des betreffenden Elementes zu. Außerdem gibt es theoretische, hier nicht näher zu erörternde Überlegungen, durch welche man die Halbwertszeit mit genügender Zuverlässigkeit bestimmen kann.

Die Tatsache, daß im allgemeinen jedes Glied einer der drei Zerfallsreihen einer radioaktiven Umwandlung unterliegt, wurde in den Tabellen dadurch zum Ausdruck gebracht, daß unter jedes Element ein Pfeil gesetzt wurde, dessen Spitze auf den Namen des betreffenden Tochterelements deutet, und neben dem die Strahlung sich verzeichnet findet, die bei dieser Umwandlung zur Aussendung gelangt. Wie man leicht bemerkt, sendet fast jedes Element nur eine einzige Strahlenart aus. Freilich treten fast überall dort, wo eine β-Strahlen-Aussendung stattfindet, zugleich auch γ-Strahlen auf; jedoch ist das nicht weiter verwunderlich, wenn man daran denkt, daß die β-Strahlen den Kathodenstrahlen verwandt sind, und demzufolge die γ-Strahlen in ähnlichem Zusammenhang mit den β-Strahlen stehen, wie die Röntgenstrahlen mit den Kathodenstrahlen. Schon früher haben wir ja betont, daß Röntgenstrahlen immer dann erzeugt werden, wenn Kathodenstrahlen auf feste Körper aufprallen. Aus ähnlichen Gründen wird daher eine β-Strahlung im allgemeinen eine γ-Strahlung nach sich ziehen. Wesentlich interessanter sind dagegen diejenigen Fälle, in denen ein und dasselbe Element gleichzeitig eine α-Strahlung und

Tabelle I.

Die Uran-Radium-Reihe (nach Fajans).

Uran I
(5000 Mill. Jahre)
↓ α
Uran X^1
(24 Tage)
↓ β, γ
Uran X^2
(1,15 Min.)
↓ β, γ
Uran II
(2 Mill. Jahre)
↓ α
Ionium
(100000 Jahre)
↓ α
Radium
(1700 Jahre)
↓ α, β
Radiumemanation
(3,85 Tage)
↓ α
Radium A
(3,0 Min.)
↓ α
Radium B
(26,8 Min.)
↓ β, γ
Radium C
(19,5 Min.)

β, γ ↙	↘ α
Radium C′	Radium C″
(ca. 1 Millionstel Sekunde)	(1,4 Min.)
↓ α	↓ β
Radium D	
(16 Jahre)	
↓ β, γ	
Radium E	
(5,0 Tage)	
↓ β, γ	
Radium F (Polonium)	
(136 Tage)	
↓ α	
Radium G	

Tabelle II.

Die Thorium-Reihe (nach Fajans).

Thorium
(15000 Mill. Jahre)
↓ α
Mesothorium 1
(6,7 Jahre)
↓ β
Mesothorium 2
(6,2 Stunden)
↓ β, γ
Radiothorium
(1,90 Jahre)
↓ α, β
Thorium X
(3,64 Tage)
↓ α
Thoriumemanation
(54,5 Sekunden)
↓ α
Thorium A
(0,14 Sekunden)
↓ α
Thorium B
(10,6 Stunden)
↓ β, γ
Thorium C
(60,8 Min.)

↙ β   α ↘

Thorium C′	Thorium C″
(fast 1 Billionstel Sekunde)	(3,1 Min.)
↓ α	↓ β, γ
Thorium D	

Tabelle III.

Die Aktinium-Reihe (nach Fajans).

Protaktinium
(etwa 100000 Jahre)
↓ α
Aktinium
(etwa 20 Jahre)
↓ β
Radioaktinium
(19 Tage)
↓ α, β, γ
Aktinium X
(11,5 Tage)
↓ α
Aktiniumemanation
(3,92 Sekunden)
↓ α
Aktinium A
(0,002 Sekunden)
↓ α
Aktinium B
(36,1 Min.)
↓ β, γ
Aktinium C
(2,15 Min.)

↙ α ↘ β

Aktinium C″
(4,71 Min.)
↓ β, γ
Aktinium D

Aktinium C′
(etwa 0,005 Sekunden)
↓ α

eine β-Strahlung zeigt. Es sind das die Elemente Radium C, Thorium C und Aktinium C; ferner das Radium, das Radiothorium und das Radioaktinium. Bei den erstgenannten drei Elementen erfuhr die doppelte Strahlung eine überraschende Deutung. Man fand nämlich, daß bei ihnen ein Teil lediglich unter Ausstrahlung von α-Strahlen, der andere Teil dagegen lediglich unter Ausstrahlung von β-Strahlen zerfällt. Aus jedem einzelnen dieser Elemente entstehen dabei zwei neue Elemente, so daß bei ihnen die betreffende Zerfallsreihe sich in zwei Äste gabelt. Bei den übrigen drei der eben genannten Doppelstrahler jedoch konnten bisher keine derartigen Verzweigungen nachgewiesen werden. Von Otto Hahn und Lise Meitner wurden erst ganz kürzlich Untersuchungen in dieser Richtung angestellt; sowohl beim Radium als auch beim Radiothorium und beim Radioaktinium verliefen sie völlig ergebnislos.

Daß im allgemeinen irgend ein radioaktives Präparat gleichzeitig α-, β- und γ-Strahlen aussendet, darf uns jetzt nicht mehr verwunderlich erscheinen. Denn durch den radioaktiven Zerfall befindet sich die Zusammensetzung eines jeden radioaktiven Präparats in einer dauernden Veränderung; es stellt daher kein einheitliches chemisches Element, sondern eine Mischung mehrerer Elemente dar. Indem dann jedes dieser Elemente die ihm eigentümliche Strahlung aussendet, muß natürlich die Gesamtstrahlung des Präparates im allgemeinen die drei verschiedenen Einzelstrahlungen enthalten.

Die Tatsache, daß die Gesamtheit der radioaktiven chemischen Elemente sich in drei Stammbäumen unterbringen läßt, legt die Frage nahe, ob nicht auch die übrigen Elemente in ähnlichen Beziehungen zueinander stehen, ob nicht auch sie, trotz ihrer anscheinenden Beständigkeit, im Grunde im Zerfall begriffen, im Grunde also ebenfalls radioaktive Elemente sind. Auf diese Frage konnte bisher keine eindeutige Antwort gegeben werden. Möglich wäre es freilich, daß die

Radioaktivität eine ganz allgemeine Eigenschaft aller Elemente wäre. Nur müßte die größte Mehrzahl von ihnen — eben alle diejenigen, welche wir heute als nicht-radioaktive Elemente kennen — einen weit, weit langsameren Zerfall, also auch eine weit größere Halbwertszeit haben als beispielsweise das Uran I oder das Thorium. Einstweilen jedoch muß ein allgemeiner Stammbaum der chemischen Elemente, der ihre Gesamtheit zu einer einzigen Familie zusammenfaßt, lediglich als ein erstrebenswertes Ziel, nicht aber als eine experimentell mit genügender Sicherheit begründete Tatsache angesehen werden.

So viel ist aber unbedingt sicher: auch die „tote" Materie der chemischen Elemente zeigt unzweideutige Lebenserscheinungen. Auch hier gibt es eine Entwickelung, genau wie bei den Pflanzen und bei den Tieren. Alles lebt und webt im All, alles ist im ewigen Fluß begriffen. Alles wandelt, alles entwickelt sich: die Welt der chemischen Elemente wie die Welt der Organismen.

Das chemische Atom als Sonnensystem

Sternenflimmerndes Himmelsgezelt, wie bist du so schön, wenn in linder, lauer Sommernacht unser arbeitsmüdes Auge deinen erhabenen Frieden trinkt. Welch eine Freude bereitet es uns, in deinem ernsten Antlitz lesen zu dürfen wie in der aufgeschlagenen Seite eines lieben, schönen Buches! Können wir doch, fern aller unwürdigen Überhebung, aber in berechtigtem Stolz schon heute sagen, daß wir ein gut Teil deiner stummen Sprache verstehen, in der du seit Jahrtausenden zu der Erdenmenschheit gesprochen hast. Dein Sternenlicht hat uns von ungezählten Sonnen erzählt, die den Weltenraum nach ewigen, ehernen Gesetzen durcheilen, und die, wie auch unsere Sonne, von Planeten umkreist werden. Unsere Erde, der winzige Sonnenplanet, wird zum kosmischen Stäubchen, der Mensch darauf zum Nichts im All. Sein Geist aber, der Geist eben dieses Allnichts, hat ihm den Blick für die Unendlichkeit des Universums geöffnet. Und darin liegt *seine* gewaltige Größe.

Doch nicht allein das Unbegrenzte des Großen ist es, was der forschenden Menschheit andächtige Bewunderung abzwang. Seht hier den Stein in unserer Hand. Können wir sein Maß nennen in Weltraumsgrößen? Ist er nicht viel mehr ein Nichts als unser Körper, als die ganze Erde? Und dennoch auch hier eine Unendlichkeit. Eine Unendlichkeit, deren einzelnen Elementen gegenüber schon das Steinchen selbst wieder zum All wird. Die Unendlichkeit des Kleinen. Das Weltall der Moleküle und der Atome.

Aus grauer Vorzeit wird uns berichtet, daß in dem thrazischen Städtchen Abdera zwei große griechische Denker die Gemüter ihrer Mitbürger durch seltsame Lehre in arge Aufregung brachten. *Leukipp* und *Demokrit* sind die Namen dieser Männer. Von ihren äußeren Lebensschicksalen hat sich nur wenig ermitteln lassen. Aller Wahrscheinlichkeit nach stammte Leukipp aus Milet; zu Abdera aber begründete er seine Schule, die durch Demokrit zu der größten Berühmtheit geführt wurde. Ihre wertvollste Schöpfung ist der Begriff des Atoms. Alle Materie sollte sich letzten Endes in eine Unzahl winzig kleiner Teilchen zerlegen lassen, die sich nur durch ihre Größe und ihre Gestalt, nicht aber etwa durch Farbe, Geruch oder Geschmack voneinander unterscheiden sollten. Unsere Sinneswahrnehmungen wurden für Täuschungen erklärt, verursacht durch Bewegungen der Atome im leeren Raum. Es leuchtet ein, daß solcher Einsicht die einfältigen Abderiten sich verschließen mußten. Kurzerhand erklärten sie Demokrit für geistesgestört. Seine Behandlung wurde dem Hippokrates anvertraut, einem damals weit berühmten Jünger der Heilkunst. Die Legende berichtet, wie der Arzt den Weisen vor seinem Gartenhaus nahe einem Turm der Stadtmauer antraf. Im Schatten einer mächtigen Platane saß er da, umgeben von Schriftrollen und Tierleibern, knieend mit Eifer den Griffel führend. Nicht langer Untersuchung bedurfte es, um hier die richtige Diagnose zu stellen. „Kranken Geistes, so wähnt ihr, sei dieser Mann? Ihr Törichten! Euch alle übertrifft er gar weit an Klugheit und Wissen! Das ist seine ganze Krankheit!“ Mit diesen Worten etwa mag Hippokrates die Spießbürger zurechtgewiesen haben; mit Demokrit aber verband ihn fortan eine innige Freundschaft.

Die Lehre von den Atomen hat während der nächsten Jahrhunderte nur wenige Anhänger gefunden. Der mittelalterlichen Alchimie galt als Leitstern bei ihren Versuchen die Elementenlehre des Empedokles und des Aristoteles, und erst als gegen Ende des 18. Jahrhunderts die wissenschaftliche Chemie begründet wurde, erwachte die Atomtheorie zu neuem Leben. Der englische Physiker John Dalton war es, der im Anschluß an die Lehre von den chemischen Elementen den Begriff des chemischen Atoms entwickelte.

Physikalische Tatsachen verschiedener Art hatten zu der Annahme geführt, daß alle Materie nur eine begrenzte Teilbarkeit besitzt. Ein Stückchen Zinnober läßt sich durch Anwendung hinreichend feiner Methoden in Teilchen von weniger als $^1/_{1000}$ Millimeter Durchmesser aufspalten. Wohl sind auch diese Winzigkeiten noch weiter teilbar zu denken, doch keineswegs unendlich weit. Vielmehr gibt es eine letzte Teilchengröße, an der alle weiteren Spaltungsversuche scheitern müßten. Solche auf physikalischem Wege nicht mehr teilbaren Teilchen hat man Moleküle genannt. Die Zahl der verschiedenen Molekülarten gleicht der Zahl der verschiedenen Stoffe. Nun wissen wir aber, daß Zinnober eine chemische Verbindung der beiden chemischen Elemente Quecksilber und Schwefel ist. Auch ein Molekül Zinnober ist demnach aus Schwefel und Quecksilber zusammengesetzt. Es ist einleuchtend, daß die in ihm enthaltenen Mengen des Schwefels und Quecksilbers die Größe eines Zinnobermoleküls erheblich unterschreiten, und sie bezeichnet man seit Dalton als Schwefelatome und Quecksilberatome. Oder allgemeiner gesagt: unter einem chemischen Atom versteht die wissenschaftliche Chemie das denkbar kleinste Teilchen eines chemischen Elements. So stellt die Daltonsche Atomtheorie gewissermaßen eine Vereinigung der Grundstofflehre des Empedokles mit der Atomtheorie Demokrits dar. Während aber Demokrit unendlich viele Atomsorten angenommen hatte, kennt Dalton deren nur verhältnismäßig wenige, nämlich lediglich so viele, als es verschiedene chemische Elemente gibt. Die Atome eines und desselben Elementes gleichen sich untereinander vollkommen; insbesondere besitzen sie genau das gleiche Gewicht. Selbstverständlich ist es unmöglich, das wahre Gewicht eines einzelnen Atoms wirklich auf der Wage zu ermitteln. Was den Chemiker zunächst interessiert, ist aber auch garnicht dieses wahre Atomgewicht. Ihm genügt es vielmehr vollauf, wenn er über das Verhältnis unterrichtet ist, in dem die Gewichte einzelner Atome verschiedener Elemente zueinander stehen. Er setzt also willkürlich das Gewicht eines Wasserstoffatoms, das das leichteste aller bisher bekannt gewordenen Atome ist, gleich 1 und bezeichnet dann als das Atomgewicht eines anderen chemischen Elementes diejenige Zahl Wasserstoffatome, deren Gewicht genau gleich dem Gewicht eines einzigen Atoms dieses betreffenden chemischen Elementes ist. Neuerdings bezieht man die Atomgewichte nicht mehr auf den Wasserstoff als Einheit, sondern man setzt das Atomgewicht des Sauerstoffs gleich 16,00 und berechnet auf dieser Grundlage alle übrigen Atomgewichte. Ein Verzeichnis der heute bekannten chemischen Elemente unter Beifügung ihrer Atomgewichte ist in jedem Lehrbuch der Chemie enthalten; zumeist gibt es außerdem die chemischen Symbole der einzelnen Elemente an, die eine abgekürzte Bezeichnung ihres Atoms bedeuten, und mit deren Hilfe man zu den chemischen Formeln der Stoffe gelangt. (Vergl. auch unsere Tabelle IV auf S. 85.) Die Formel des Zinnobers ist Hg S; das heißt, ein Molekül Zinnober besteht aus je einem Atom Quecksilber (Hg) und Schwefel (S). Wasser dagegen hat die Formel H_2O; sein Molekül baut sich also aus zwei Atomen Wasserstoff (H) und einem Atom Sauerstoff (O) auf.

Gegen Ende des ersten Kapitels hatten wir betont, daß auf Grund der Elementenlehre L a v o i s i e r s die Umwandlung irgend eines chemischen Elementes in ein anderes chemisches Element ausgeschlossen erschien. Zu dieser Behauptung hatte sich L a v o i s i e r natürlich dadurch veranlaßt gesehen, daß die jahrhundertelangen Bemühungen der Alchimisten um das Problem der Metallverwandlung völlig ergebnislos geblieben waren. Die Entdeckung der Radioaktivität jedoch schuf in dieser Hinsicht tiefgreifenden Wandel: durch die glänzende

Bestätigung der Zerfallstheorie von Rutherford und Soddy wurde die Möglichkeit einer Elementenumwandlung zur unumstößlichen Gewißheit gemacht. Damit erhob sich zugleich die Notwendigkeit, auch die Daltonsche Atomtheorie den veränderten Verhältnissen anzupassen. Denn wenn aus den Atomen eines radioaktiven chemischen Elementes durch den ständigen Zerfall unter Abgabe von Strahlung die Atome eines anderen chemischen Elementes entstehen, dann kann natürlich das chemische Atom nicht mehr die letzte Einheit der Materie bilden. Auch das chemische Atom muß also einen Aufbau besitzen, und bei den Atomen der radioaktiven Elemente wird man die einzelnen Teilchen der α- und β-Strahlung als Bausteine anzusehen haben. Der materiellen Natur dieser beiden Strahlungsarten hatten wir schon früher Erwähnung getan, und so brauchen wir nicht davor zurückzuscheuen, sie als die Bestandteile eines materiellen Atoms aufzufassen.

Wie aber steht es mit den Atomen der nicht-radioaktiven Elemente? Kommt ihnen eine wirkliche Unteilbarkeit zu? Oder müssen auch sie zu den zusammengesetzten Gebilden gezählt werden?

Um zu einer Antwort auf diese Frage zu gelangen, bedarf es einer umfangreichen Vorbereitung. Wir beginnen mit der Beschreibung eines einfachen Versuches. In unserer Figur 8 möge G ein kleines Glasgefäß bedeuten, indem sich käufliche, mit Wasser verdünnte Salzsäure befindet. A und K sind zwei Platindrähte, die in die Flüssigkeit etwa zur Hälfte eintauchen, und deren herausragende Enden mit den Polen einer Elektrizitätsquelle durch Kupferdrähte verbunden sind. A — die Anode — ist mit dem positiven Pol, K — die Kathode — mit dem negativen Pol verbunden. Sobald der Strom eingeschaltet wird, tritt an beiden Elektroden eine ziemlich lebhafte Gasentwicklung auf, und zwar bildet sich an der Anode A Chlor, an der Kathode K dagegen Wasserstoff. Da nun

Salzsäure eine chemische Verbindung von Wasserstoff und Chlor ist, so hat es also den Anschein, als ob durch den elektrischen Strom eine Zerlegung des Salzsäuremoleküls in seine beiden Bestandteile bewirkt würde. Wenn das tatsächlich der Fall wäre, so müßte unterhalb einer gewissen Mindeststärke des elektrischen Stroms diese Zersetzung nicht mehr auftreten. Denn offenbar bedeutet doch die Zerreißung eines Salzsäuremoleküls eine gewisse Arbeit; die Wasserstoff- und die Chloratome halten sich mit einer ganz bestimmten Kraft gegenseitig fest, und diese Kraft müßte überwunden werden,

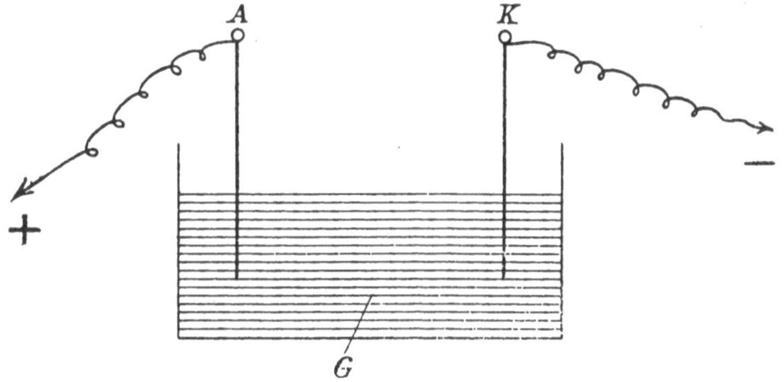

Figur 8

damit ein Zerfall eintreten kann. Da nun die Stärke eines elektrischen Stroms weitgehend veränderlich ist, so müßte man ihn so stark schwächen können, daß seine Kraft nicht mehr ausreicht, um die Verbindungskraft zwischen Wasserstoff und Chlor in der Salzsäure zu überwinden. Durch Versuche jedoch wurde gezeigt, daß dieses durchaus unzutreffend ist; vielmehr lassen sich auch mit den allerschwächsten Strömen derartige Zersetzungsvorgänge ausführen. Die Erklärung dieser merkwürdigen Tatsache stammt von dem bekannten schwedischen Forscher S v a n t e A r r h e n i u s. Ihr zufolge enthält die wässerige Salzsäurelösung keine einfachen Salzsäuremoleküle, sondern jedes einzelne Molekül ist in je zwei entgegengesetzt elektrisch geladene Bestandteile, die man Ionen nennt, gespalten oder dissoziiert. Das Chlor liefert die negativen Ionen, der Wasserstoff die positiven Ionen. Das Salzsäuremolekül besteht aus einem Atom Wasserstoff und einem Atom Chlor. Sobald es mit Wasser in Berührung kommt, lockert sich die Verbindung der beiden Atome; das Chloratom erhält eine negative, das Wasserstoffatom eine gleich große positive Ladung. Für gewöhnlich freilich ist von dieser eingetretenen Spaltung nichts zu bemerken; bei der Auflösung von Salzsäure in Wasser tritt weder eine Chlor- noch eine Wasserstoffentwicklung auf. Das rührt daher, daß die Ionen eben keine gewöhnlichen Atome, sondern Atome mit einer elektrischen Ladung sind! Sie stellen gewissermaßen eine chemische Verbindung eines gewöhnlichen Elementes mit der Elektrizität dar. Da nun die chemischen Elemente in Form von Atomen in Verbindungen eingehen, so liegt der Gedanke nahe, auch auf die Elektrizität die Atomtheorie auszudehnen, und die Ladung eines Wasserstoffions als ein Atom der positiven, die Ladung des Chlorions dagegen als ein Atom der negativen Elektrizität anzusehen. Diese Auffassungsweise hat sich glänzend bewährt, und wir werden daher fortan von positiven und negativen Elementarquanten als den Atomen der positiven und der negativen Elektrizität sprechen.

Auf dem Boden dieser Vorstellung gewinnt nun das Ergebnis des oben beschriebenen Versuches eine wesentlich andere Deutung. Sobald die Elektroden A und K mit der Stromquelle verbunden werden, erfahren die in der Flüssigkeit zuvor schon vorhandenen Ionen durch die eintretende elektrische Aufladung der Elektroden bestimmte Anziehungskräfte. Während sie also bisher in allen Richtungen durch die Lösung sich hindurchbewegten, üben jene elektrischen

Kräfte eine ordnende Wirkung auf sie aus, und es setzt eine regelmäßige Wanderung ein. Die positiv geladenen Ionen werden von der negativen Ladung der Kathode angezogen. Sobald sie dort angelangt sind, geben sie ihre positive Ladung an die Kathode ab; dadurch wird ein bestimmter Teil der Elektrodenladung neutralisiert, und das entladene Ion stellt wieder ein gewöhnliches Wasserstoffatom dar. Infolgedessen tritt an der Kathode eine Wasserstoffabscheidung ein. Ähnliches findet an der Anode statt. Ihre positive Ladung zwingt die negativ geladenen Chlorionen, zu ihr sich hinzubegeben, sich zu entladen, und dann als freies Chlor sich abzuscheiden.

Außerordentlich merkwürdige Vorgänge sind es demnach, welche den Elektrizitätsdurchgang durch eine Salzsäurelösung ausmachen. Bestünde zwischen den beiden Elektroden A und K eine direkte metallische Verbindung — etwa durch ein kurzes, zwischen ihnen ausgespanntes Kupferdrähtchen — so würden die von der Elektrizitätsquelle gelieferten positiven und negativen Elektrizitätsmengen durch diesen Draht einfach hindurchfließen und durch ihr unmittelbares Zusammentreffen den gegenseitigen Ausgleich herbeiführen. Bei der Anordnung unserer Figur 8 aber ist das nicht möglich; von der Elektrizitätsquelle kann die positive Elektrizität nur bis zur Anode A, die negative Elektrizität nur bis zur Kathode K gelangen. An diesen Elektroden findet daher eine Anhäufung von Elektrizitätsmengen statt, und ihren Ausgleich besorgen die in der Flüssigkeit in riesigen Mengen vorhandenen positiven und negativen Ionen. Sie verdingen sich gewissermaßen als Transportarbeiter; sie verhelfen den beiden einander entgegengesetzten Elektrizitätsmengen, die durch die trennende Flüssigkeit — gleich jenen beiden Königskindern eines bekannten Volksliedes — nicht zueinander kommen können, zum ersehnten Ausgleich, und als Lohn empfangen sie ihre Befreiung aus den Banden der elektrischen Ladung, die sie selbst mit sich herumschleppen. Anstatt nämlich die auf der einen Elektrode wartende Elektrizitätsart direkt zu der anderen Elektrode hinüberzuführen, bringen die Ionen jeder einzelnen Elektrode die zu ihrer Neutralisierung nötige Elektrizitätsmenge aus ihrem eigenen Ladungsbestand mit. Jedes Ion gibt seine aus einem positiven oder aus einem negativen Elementarquantum bestehende Ladung an die entsprechende Elektrode ab, und da die Anzahl der positiven und der negativen Ionen in der Salzsäurelösung durchaus die gleiche ist, so kann dieses Spiel sich so lange ungestört fortsetzen, bis entweder alle Ionen verbraucht sind, oder aber die Elektrizitätszufuhr von der Stromquelle zu den Elektroden unterbrochen wird.

Mißt man nun diejenige Elektrizitätsmenge, welche nötig ist, um etwa aus einer Salzsäurelösung gerade einen Kubikzentimeter Wasserstoffgas in Freiheit zu setzen, so stellt diese Elektrizitätsmenge auf Grund der soeben durchgeführten Überlegungen die Gesamtladung der dabei abgeschiedenen Wasserstoffionen dar. Die Zahl dieser Ionen ist natürlich gleich der Anzahl der freigewordenen Wasserstoffatome, die zusammen einen Kubikzentimeter erfüllen. Da man diese Zahl aus gewissen physikalischen Schlußfolgerungen ableiten kann, so läßt sich jetzt ohne weiteres der Anteil berechnen, der einem einzelnen Wasserstoffion von jener gesamten Elektrizitätsmenge zukommt. Dieser Anteil ist aber nichts anderes als die Ladung eines Elementarquantums der positiven Elektrizität. So bietet also unser Versuch eine Möglichkeit, die Größe des Elektrizitätsatoms zu bestimmen.

Die Abscheidung von Chlor und Wasserstoff aus einer Salzsäurelösung unter der Einwirkung eines elektrischen Stroms bildet nur ein spezielles Beispiel einer überaus umfangreichen Gruppe ähnlicher Erscheinungen, die man unter dem Namen „elektrolytische Vorgänge“ zusammenzufassen pflegt. Sie alle konnten durch die Arrhenius'sche Dissoziationstheorie restlos erklärt werden, und damit erfuhr natürlich die

Elementarquantentheorie der Elektrizität eine mächtige Stütze.

Doch nicht allein bei den elektrolytischen Vorgängen, sondern auch bei der Elektrizitätsleitung durch Gase spielen die elektrischen Elementarquanten eine wichtige Rolle. Schon im zweiten Kapitel hörten wir, daß die Luft im allgemeinen zu den Nichtleitern der Elektrizität zu rechnen ist. Sie kann aber leicht in einen leitenden Zustand durch die Einwirkung radioaktiver Strahlungen versetzt werden, und dasselbe läßt sich durch Bestrahlung mit Kathodenstrahlen, Röntgenstrahlen oder ultraviolettem Licht erreichen. Die nähere Untersuchung dieser Verhältnisse hat ergeben, daß unter dem Einfluß der genannten Strahlungen die Moleküle der Luft in elektrisch geladene Bestandteile zerfallen, die man ebenfalls Ionen nennt, und welche die Elektrizitätsleitung in durchaus ähnlicher Weise besorgen, wie die Ionen in Flüssigkeiten bei den elektrolytischen Vorgängen. Auch die Luftionen sowie die Ionen anderer Gase tragen positive und negative elektrische Ladungen, welche entweder gleich dem elektrischen Elementarquantum sind, oder aber genau den zweifachen oder dreifachen Betrag desselben besitzen. Nur in einer Hinsicht weisen die Gasionen einen bemerkenswerten Unterschied gegenüber den elektrolytischen Ionen auf. Während nämlich die elektrolytischen Ionen beständig sind, zeigen die Gasionen ein stark ausgeprägtes Bestreben, sich baldmöglichst wieder zu neutralen Gasmolekülen zusammenzuschließen. Hört daher die ionisierende Ursache, also beispielsweise die Einwirkung einer radioaktiven Bestrahlung, auf, so tritt sogleich ein völliges Verschwinden der von ihr gebildeten Ionen ein. Wird jene Ursache aber gestärkt oder geschwächt, so ändert sich die Zahl der Ionen in einer genau entsprechenden Weise. Von der Zahl der gebildeten Ionen hängt natürlich das Maß der elektrischen Leitfähigkeit des betreffenden Gases ab, und so kann man aus Leitfähigkeitsbeobachtungen mit Hilfe eines

Elektrometers, so wie wir es früher ausführlich beschrieben haben, in der Tat ein brauchbares Maß für die Stärke der ionisierenden Strahlung ableiten. Erst jetzt sind wir also in der Lage, das von uns früher benutzte Verfahren zur Messung der Radioaktivität in seinen Grundlagen restlos zu verstehen.

Die überaus schwache, mannigfachen Schwankungen unterliegende Leitfähigkeit der atmosphärischen Luft im gewöhnlichen Zustand ist natürlich ebenfalls auf das Vorhandensein von positiven und negativen Ionen zurückzuführen. Sie entstehen im wesentlichen durch die Strahlungen von radioaktiven Substanzen, die sich in der Erde und in der Atmosphäre befinden. Die radioaktiven Mineralien des Erdbodens geben ihre Strahlung zum Teil direkt in die Atmosphäre ab, insbesondere dann, wenn sie durch Quellwasser herausgelöst und an die Erdoberfläche befördert werden. Oder aber sie entwickeln Emanationen, die wir ja als gasförmige radioaktive Elemente kennen gelernt haben. Diese gelangen durch die Hohlräumchen des Bodens hindurch in die Luft und erfahren dort durch Strömungen die weiteste Verbreitung. Es ist einleuchtend, daß unter diesen Umständen die Zahl der in der Luft erzeugten Ionen und damit die elektrische Leitfähigkeit der Luft sich in ziemlich weiten Grenzen ändern kann.

Im zweiten Kapitel haben wir bereits erwähnt, daß die Kathodenstrahlen einen Schwarm von sogenannten Elektronen, das heißt einen Schwarm von negativ elektrisch geladenen Teilchen darstellen, welche mit ungeheurer Geschwindigkeit von der Kathode fortgeschleudert werden. Sorgfältige Messungen ergaben nun das verblüffende Resultat, daß diese Elektronen nichts anderes sind, als von jeder gewöhnlichen Materie völlig losgelöste Elementarquanten der negativen Elektrizität. In den Kathodenstrahlen haben wir also die negative Elektrizität in ihrer reinsten Form vorliegen, und das gleiche gilt — gemäß unseren früheren Darlegungen — von den β-Strahlen der radioaktiven Substanzen.

Aus dieser Tatsache ist sogleich der Schluß zu ziehen, daß die Atome der radioaktiven Elemente notwendigerweise Elektronen enthalten müssen. Aber auch die Atome der nichtradioaktiven Elemente können hiervon keine Ausnahme machen. Denn einmal erscheinen die Elektronen als Elementarquanten der negativen Elektrizität an den Ionen der elektrolytischen Vorgänge, und in ionisierten Gasen wurden sie sogar im freien Zustand angefunden. Schließlich treten sie fast immer dann auf, wenn ein beliebiger Körper mit ultraviolettem Licht bestrahlt wird. Besonders die Metalle zeigen

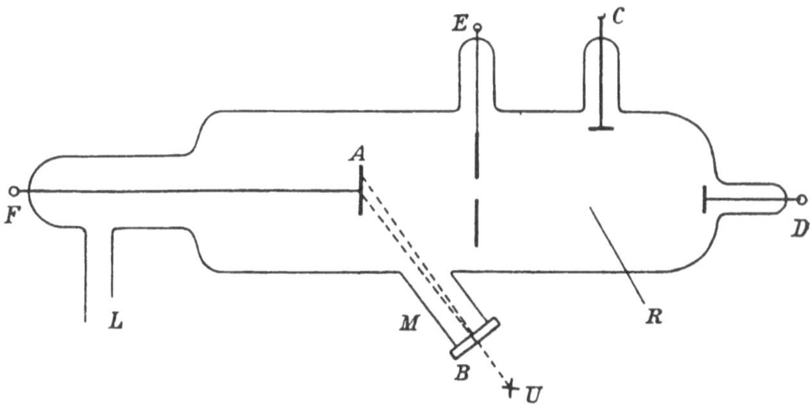

Figur 9

die letztgenannte Eigenschaft, die man als lichtelektrischen Effekt bezeichnet, in auffallender Weise. In unserer Figur 9 ist eine schematische Zeichnung des Apparates wiedergegeben, in dem der schon früher genannte Heidelberger Physiker Philipp Lenard im Jahre 1900 eine genauere Untersuchung des lichtelektrischen Effektes ausgeführt hat. In einem Glasrohr R, das sich durch den Ansatz L mit einer Luftpumpe in Verbindung befindet, ist eine Aluminiumplatte A angebracht. Der Rohransatz M ist durch eine aufgekittete Quarzplatte B luftdicht verschlossen. U ist eine Lichtquelle besonderer Art, deren vorzugsweise ultraviolette Strahlung die Quarzplatte B durchsetzt und auf A auftrifft. Sobald dieses geschieht, zeigt ein mit F verbundenes Elektrometer eine deutliche positive Aufladung an, zum Zeichen dafür, daß A negative Elektrizität abgegeben und sich dadurch positiv aufgeladen hat. Um die von A ausgesandte Strahlung näher zu untersuchen, verbindet man F mit dem negativen Pol einer möglichst starken elektrischen Batterie. Dadurch werden die von dem ultravioletten Licht aus A herausgelösten Elektronen sehr stark abgestoßen, und mit einer recht beträchtlichen Geschwindigkeit durchsetzen sie die kreisförmige Öffnung der Blende E. Ein mit der Elektrode D verbundenes Elektrometer zeigt sofort eine negative Aufladung an, nicht dagegen ein zweites Elektrometer, das mit der seitlich angebrachten Elektrode C verbunden ist. Die auf lichtelektrischem Wege aus der Metallplatte A herausgelösten Elektronen bewegen sich also gleich den Kathodenstrahlen in völlig geradliniger Richtung vorwärts. Um sie nach C hinzuführen, braucht man jedoch nur einen Magneten in die Nähe des Rohres R zu bringen; unter seinem Einfluß erfahren sie dieselbe Ablenkung wie die Kathodenstrahlen.

Kann demnach die Richtigkeit der Behauptung keinem Zweifel mehr unterliegen, daß die Elektronen als Bausteine der Atome sämtlicher chemischen Elemente anzusehen sind, so bleibt uns jetzt noch die Frage zu beantworten, in welcher Form sich die positive Elektrizität an dem Aufbau der Atome beteiligt. Die nächstliegende Annahme wäre natürlich die, daß den negativen Elektronen positive Elektronen gegenüberstehen, das heißt also, daß auch die Elementarquanten der positiven Elektrizität eine von der gewöhnlichen Materie unabhängige Existenz besitzen. Dem widerspricht jedoch die gesamte bisher gesammelte experimentelle Erfahrung. Was zunächst die α-Strahlung der radioaktiven Substanzen anbelangt, so hatte man deren materielle Natur ja schon bald nach ihrer Entdeckung erkannt. Durch Rutherford und seine Mitarbeiter wurde in überaus sorgfältigen Versuchen der Nachweis erbracht, daß ein einzelnes α-Teilchen aus einem Heliumatom besteht, das mit zwei Elementarquanten der positiven Elektrizität beladen ist. Ferner hatten Messungen an Kanalstrahlen bereits früher ergeben, daß die Verhältnisse bei ihnen wesentlich komplizierter liegen als bei den Kathodenstrahlen. Die Größe der einzelnen Kanalstrahlenteilchen hängt nämlich von der chemischen Natur des Gases ab, das sich in der Röhre befindet; in wasserstoffgefüllten Röhren sind es Wasserstoffatome, in sauerstoffgefüllten Röhren dagegen Sauerstoffatome, und Entsprechendes gilt von allen anderen Gasen. Immer aber tragen diese Atome positive Ladungen mit sich, die entweder gleich einem oder gleich mehreren Elementarquanten der positiven Elektrizität sind. Nur in Form von Ionen sind uns also die Elementarquanten der positiven Elektrizität bekannt, und niemals ist es bisher gelungen, sie aus ihrer innigen Verbindung mit gewöhnlicher Materie zu befreien.

Materie und positive Elektrizität sind völlig untrennbar, und so hat es durchaus den Anschein, als ob beide im Grunde ein und dasselbe sind. Zunächst freilich will uns eine solche Einheit von Materie und Elektrizität recht sonderbar anmuten. Was sollte wohl die Elektrizität, die doch nichts anderes als eine besondere Form von Energie ist, mit dem Stofflichen zu schaffen haben? Bei einigem Nachdenken jedoch müssen wir zugeben, daß darin nichts Unmögliches liegt. Was ist denn im Grunde die Materie? Offenbar doch etwas Meßbares. Denn was nicht meßbar ist, besitzt, einem Ausspruch des Berliner Physikers Max Planck zufolge, keine physikalische Realität. Womit aber messen wir die Materie? Woher wissen wir beispielsweise, daß die Masse einer Bleikugel größer ist als die Masse einer gleichgroßen Elfenbeinkugel? Selbstverständlich lautet die Antwort: das Maß der

Masse bildet das Gewicht. Die Bleikugel besitzt ein größeres Gewicht als die Elfenbeinkugel, und daher kommt ihr auch eine größere Masse zu. Nun ist das Gewicht eines Körpers nichts anderes als eine Folgeerscheinung der Anziehungskraft der Erde. Wir werden daher besser sagen, daß die Masse eines Körpers gemessen wird durch die Größe der auf ihn ausgeübten Erdanziehung, das heißt durch seine Schwere, und in diesem Sinne spricht man von der „schweren Masse“ eines Körpers. Es gibt aber noch einen zweiten, völlig anderen Weg, auf dem man die Messung von Massen vornehmen kann. Aus unserem in der Schule empfangenen Physikunterricht ist uns das Trägheitsgesetz zur Genüge bekannt. Ihm zufolge hat ein ruhender Körper das Bestreben, beim Fehlen irgendwelcher Ursachen seinen Ruhezustand ewig unverändert beizubehalten. Will man daher einen Körper aus dem Zustand der Ruhe in den Zustand einer beliebigen Bewegung bringen, so muß man eine Kraft auf ihn ausüben, muß ihm also beispielsweise einen Stoß versetzen. Und zwar muß die Stärke dieses Stoßes um so größer gewählt werden, je schneller die Bewegung verlaufen soll, welche wir dem betreffenden Körper erteilen wollen. Außerdem aber hängt die Stärke des erforderlichen Stoßes auch von der Natur des Körpers selbst ab; wir brauchen eine größere Kraft, um eine Bleikugel fortzustoßen, als wenn wir nur eine gleichgroße Elfenbeinkugel in Bewegung setzen wollen. Mit anderen Worten: die Trägheit verschiedener Körper ist verschieden groß, und als Maß der Trägheit tritt die „träge Masse“ auf. Es ist nun höchst sonderbar, daß bei sämtlichen Körpern stets die „schwere Masse“ genau gleich ihrer „trägen Masse“ gefunden wurde. Trotzdem doch beide auf so völlig verschiedenen Wegen gemessen werden! Diese Tatsache ist zwar schon jahrhundertelang bekannt, jedoch konnte man eigentlich zu ihrer Begründung kaum irgend etwas Vernünftiges angeben. Man nahm sie stillschweigend als gegeben hin und vergaß, über ihre Ursache nachzudenken. Es ist das Verdienst von Albert Einstein, in seiner allgemeinen Relativitätstheorie endlich eine Lösung dieses alten Problems gebracht zu haben, eine Lösung, deren nähere Darlegung freilich weit über den Rahmen dieses Buches hinausgehen würde. Uns kann hier nur ein weiteres Ergebnis der Einsteinschen Relativitätstheorie interessieren, weil es für das Problem des Atombaus von der allergrößten Bedeutung ist. Wir meinen das Ergebnis, daß jede beliebige Energieart sowohl Trägheit als auch Schwere, mithin alle Eigentümlichkeiten der gewöhnlichen Materie besitzt. In der Relativitätstheorie wird die Materie geradezu zu einer besonderen Erscheinungsform von Energie, und so bereitet es nicht die geringsten gedanklichen Schwierigkeiten, sich das Wesen der Materie als elektrische Energie vorzustellen.

Überblicken wir jetzt unsere letzten Ausführungen noch einmal im Zusammenhang, so haben sie uns zu dem Ergebnis geführt, daß jedes beliebige chemische Atom — mag es nun einem radioaktiven oder einem nicht-radioaktiven Element angehören — einen Aufbau aus negativen Elektronen und aus positiver Elektrizität besitzt. Bleibt also nur noch die Frage, wie dieser Aufbau im besonderen beschaffen ist.

Eine Antwort auf diese Frage ist seit dem Beginn des zwanzigsten Jahrhunderts mehrfach versucht worden. Erst im Jahre 1913 aber gelang es Rutherford, eine wirklich befriedigende Lösung anzugeben. Und in der Rutherfordschen Atomtheorie hat die moderne Physik uns ein Bild entrollt, wie es erhebender und von gewaltigerer Schönheit selbst die astronomische Wissenschaft mit ihrer kosmischen Unendlichkeit und ihrem ewigen Weltgeschehen nicht darzubieten vermag.

Den Ausgangspunkt der Rutherfordschen Theorie haben Beobachtungen gebildet, welche beim Durchgang von α-Strahlen durch Materie gemacht wurden. Dabei hatten nämlich H. Geiger und E. Marsden gefunden, daß manche α-Teilchen eine überaus starke Ablenkung erfahren. Ihre geradlinige Fortpflanzungsrichtung erleidet zuweilen einen sehr scharfen Knick, und die Größe dieses Knickes ist um so stärker, je größer das Atomgewicht desjenigen Elementes ist, das die α-Strahlen durchlaufen. Zur Erklärung dieser Erscheinungen nahm Rutherford an, daß das chemische Atom ein ziemlich sperriges, stark raumbeanspruchendes Gebilde darstellt. In seinem Mittelpunkt befindet sich ein positiv elektrisch geladener Massenkern, der in größeren Abständen von negativen Elektronen umgeben ist. Gerät nun ein α-Teilchen in das Innere eines solchen Atoms, so wird es von der positiven Ladung des Kerns abgestoßen, da es ja selbst eine positive elektrische Ladung trägt. Infolgedessen tritt eine Ablenkung aus seiner ursprünglichen Fortpflanzungsrichtung ein, deren Betrag um so stärker sein wird, je größer die Ladung des positiven Kerns ist und je mehr sich das α-Teilchen diesem Kerne nähern kann. Um die bei verschiedenen chemischen Elementen beobachteten Ablenkungswerte der α-Teilchen richtig wiederzugeben, muß man einmal annehmen, daß die Atomkerne ganz außerordentlich klein sind, weit kleiner noch, als der millionste Teil des ganzen Atoms. Und ferner muß die Zahl der positiven Elementarquanten, welche die Ladung des Kerns ausmachen und welche man daher kurz als die Kernladungszahl zu bezeichnen pflegt, stets ungefähr gleich der Hälfte des Atomgewichts des betreffenden Elementes sein. Die gleiche Größe besitzt natürlich die Zahl der den Kern umgebenden negativen Elektronen, da ja das Atom als ganzes ein elektrisch neutrales Gebilde darstellt.

Nun üben aber infolge ihrer entgegengesetzten elektrischen Ladung der Kern und die Elektronen Anziehungskräfte aufeinander aus. Damit die Elektronen nicht in den Kern hineinstürzen, muß also irgend eine Kraft vorhanden sein, welche sie daran hindert. Diese Kraft ist nichts anderes als eine

Schwungkraft. Genau wie bei den Planetensystemen die Sonne von den Planeten umkreist wird, genau so ziehen auch die Elektronen im Atom mit rasenden Geschwindigkeiten geschlossene Bahnen um den Kern. Auf diese Weise wird das Atom des Chemikers, das in früheren Zeiten als eine letzte Einheit galt, zu einem regelrechten Mikrosonnensystem, und dieselben Gesetze, die den Lauf der Himmelskörper regeln, kehren auch im All der Atome ausnahmslos wieder.

Die Natur der Valenzkräfte

Mit dem im vorigen Kapitel geschilderten Ergebnis, daß alles Stoffliche im Grunde aus positiver und negativer Elektrizität sich aufbaut, erfährt die altgewohnte Vorstellung von der Einheitlichkeit der Materie durch die moderne Wissenschaft eine seltsame Rechtfertigung. In den Weltanschauungen der bedeutendsten philosophierenden Geister aller Zeiten hat jene Vorstellung eine Rolle gespielt. Seit dem Beginn des neunzehnten Jahrhunderts freilich schien die chemische Forschung sie mit der ganzen erdrückenden Macht ihres gewaltigen Tatsachenmaterials untergraben zu wollen. Aber dennoch machten sich hin und wieder selbst aus ihren Reihen gewichtige Stimmen geltend, die an der Vorstellung von der Einheitlichkeit der Materie festhielten und sich bemühten, sie mit der experimentellen Erfahrung in Einklang zu bringen. So kam um das Jahr 1815 der Londoner Arzt William Prout auf den kühnen Gedanken, daß der Wasserstoff, das leichteste aller chemischen Elemente, die Urmaterie sei. Aus Wasserstoff sollten die übrigen Grundstoffe entstanden sein, und jedes einzelne Atom sollte eine innige Vereinigung von Wasserstoffatomen bilden. Schon nach kurzer Zeit wurde allerdings die Unhaltbarkeit dieser Hypothese nachgewiesen. Denn wäre wirklich das Wasserstoffatom der Baustein aller anderen Atome, so müßten selbstverständlich die Atomgewichte sämtlicher Elemente, auf den Wasserstoff als Einheit bezogen, in ganzen Zahlen ihren Ausdruck finden — eine Schlußfolgerung, welche den tatsächlichen Verhältnissen durchaus widersprach. Allein der leitende Gedanke blieb und wuchs aufs neue mächtig empor, als im Laufe der Zeit merkwürdige Beziehungen zwischen den allgemeinen Eigenschaften der Elemente und ihrem Atomgewicht aufgedeckt wurden. Die Gesamtheit dieser Beziehungen wurde in völliger Klarheit im Jahre 1869 von Lothar Meyer sowie von Dmitri Mendelejeff erkannt und in dem sogenannten „periodischen System der chemischen Elemente" in übersichtlicher Form zur Darstellung gebracht.

Um uns die Bedeutung dieser Bezeichnung anschaulich klar zu machen, wollen wir uns im Geiste vor ein leeres Schachbrett setzen. Daneben liege ein Verzeichnis sämtlicher chemischen Elemente, das ihre Anordnung nach steigenden Atomgewichten enthält. Es beginnt also mit dem Wasserstoff und endigt mit dem Uran, dem das größte aller bisher bekannten Atomgewichte zukommt. In dieser Reihenfolge wollen wir nun die Elemente auf das Schachbrett übertragen, indem wir jedes einzelne seiner Felder mit dem Namen je eines chemischen Elementes beschreiben. Und zwar nehmen wir — unter Beiseitelassung des Wasserstoffs — zunächst das Helium, das in unserem Verzeichnis an zweiter Stelle steht, und setzen seinen Namen in die linke obere Ecke des Schachbretts. Sodann erhält, in der Richtung nach rechts fortfahrend, jedes weitere Feld der ersten Längsreihe den Namen des nächstfolgenden Elementes, und wenn diese erste Reihe vollständig besetzt ist, geht man zu dem linken Ende der zweiten Längsreihe über. Hat man auf diese Weise die 24 Felder der drei oberen Längsreihen beschrieben, so bemerkt man eine eigentümliche Gesetzmäßigkeit. Man findet nämlich in den einzelnen Querreihen, also jeweils in den drei genau untereinander liegenden Feldern, die Namen solcher Elemente verzeichnet, die sich in ihren physikalischen und in ihren chemischen Eigenschaften weitgehend ähnlich sind. So wird die erste dieser acht Querreihen von den Elementen Helium, Neon und Argon gebildet. Es sind das sogenannte Edelgase, gasförmige chemische Elemente, die sich dadurch auszeichnen, daß sie mit keinem andern Element chemische Verbindungen einzugehen vermögen. Die zweite Querreihe nennt Lithium, Natrium und Kalium, die zu den Leichtmetallen gehören und welche die Eigenschaft besitzen, auf Wasser bei gewöhnlicher Temperatur unter Wasserstoffentwicklung einzuwirken und dabei eigentümliche Verbindungen zu bilden, deren wässerige Lösungen im täglichen Leben als Laugen bekannt sind. Auch ihre sonstigen chemischen Verbindungen sind einander ähnlich. Wir brauchen uns nur an Soda, das kohlensaure Natrium, und an Pottasche, das kohlensaure Kalium, zu erinnern, um ein gutes Beispiel dafür zu haben. Und Entsprechendes läßt sich von jeder der übrigen Querreihen behaupten: immer finden sich in einer und derselben Querreihe nur solche Elemente an, deren chemisches und physikalisches Verhalten in mannigfacher Hinsicht gleichartig ist. Das gleichartige Verhalten kehrt also in der Reihe der Elemente periodisch wieder, und aus diesem Grunde hat man die von Lothar Meyer und Dmitri Mendelejeff angegebene Anordnung als das „periodische System der chemischen Elemente" bezeichnet.

Nun hatten wir bisher — außer dem Wasserstoff, der eine Sonderstellung einnimmt — nur die ersten 24 Glieder unseres Elementenverzeichnisses benutzt. Auch die übrigen Elemente lassen sich dem periodischen System einfügen, nur liegen hier die Verhältnisse nicht mehr ganz so einfach wie bei jenen Anfangsreihen. Es würde aber zu weit führen, wenn wir uns auf diese Dinge hier näher einlassen würden. Wir sehen daher von den angedeuteten Besonderheiten ab und begnügen uns mit der Tatsache, daß ganz allgemein in den Längsreihen des periodischen Systems die einzelnen Elemente sich nach der Größe ihrer Atomgewichte folgen, daß dagegen durch seine acht Querreihen die Gesamtheit der Elemente in ebensoviele Gruppen eingeteilt wird, deren jede einander ähnliche Elemente enthält. Jedem einzelnen Element kommt demnach im Rahmen des periodischen Systems (vgl. Tabelle V auf Seite 90) ein ganz bestimmter Platz zu, der sich einmal nach der Größe seines Atomgewichts, andererseits aber auch nach der Natur seines chemischen und physikalischen Verhaltens richtet. Als nun Mendelejeff die damals bekannten Elemente in sein periodisches System einordnete, stieß er auf eine merkwürdige Schwierigkeit. Er fand nämlich, daß er gewisse Plätze frei lassen mußte, um den Grundgedanken des Systems restlos zur Durchführung bringen zu können. Daraus zog Mendelejeff den Schluß, daß an jene Plätze noch unentdeckte Elemente gehörten, deren Atomgewicht und deren wichtigste physikalische und chemische Eigenschaften er auf Grund der ihnen zukommenden Stellung im periodischen System mit erstaunlicher Ausführlichkeit voraussagen konnte. Tatsächlich glückte schon nach wenigen Jahren die Entdeckung einiger neuer chemischer Elemente, und in allen wesentlichen Punkten erwiesen sich dabei die Prophezeiungen Mendelejeffs als richtig.

Es ist einleuchtend, daß durch die Erkenntnis des periodischen Systems der chemischen Elemente die Spekulationen über das Urelement Hand und Fuß gewinnen mußten. Denn wie anders sollte wohl der innige Zusammenhang, in dem die Eigenschaften der verschiedenen Elemente mit der Größe ihres Atomgewichts stehen, sich deuten lassen, als durch die Annahme eines im Grunde gleichartigen Aufbaus aller ihrer Atome aus einheitlichen Bausteinen? Damals freilich fehlte noch vieles, was solchen Vermutungen den Charakter einer wohlbegründeten naturwissenschaftlichen Theorie hätte verleihen können. Heute jedoch sind wir — dank den Errungenschaften der modernen Physik — in der Lage, uns eingehendere Vorstellungen über den Aufbau der chemischen Elemente zu bilden, und an der Einheitlichkeit aller Materie kann jetzt nicht mehr gezweifelt werden.

Im vorigen Kapitel hatten wir dargelegt, wie die Rutherfordsche Theorie des Atombaus aus Untersuchungen entstanden ist, die über den Durchgang von α-Strahlen durch Materie ausgeführt wurden. Im Juni des Jahres 1920 machte nun Rutherford in einer Vorlesung die bedeutsame Mitteilung, daß es seinem Mitarbeiter Chadwick gelungen sei, aus sorgfältigen Versuchen der gleichen Art mit großer Genauigkeit die Anzahl der positiven Kernladungen zu ermitteln, welche den Atomen der verschiedenen Elemente zugeschrieben werden müssen. Schon früher hatte man bezüglich dieser Kernladungszahl auf völlig anderen Wegen wertvolle Aufschlüsse erlangt. Zunächst hatte der englische Physiker H. G. Moseley im Jahre 1913 folgendes gefunden: Ordnet man die Gesamtheit der chemischen Elemente nach steigenden Atomgewichten, so ändert sich die Kernladungszahl von einem Element zum nächsten immer um genau den gleichen Betrag. Ungefähr gleichzeitig äußerte A. van den Broek die Ansicht, daß die Kernladungszahl gleich der Ordnungszahl des betreffenden Elementes ist. Unter der Ordnungszahl, zuweilen auch als Atomnummer bezeichnet, versteht man diejenige Zahl, die sich für jedes einzelne Element ergibt, wenn man alle chemischen Elemente in der Reihenfolge ihrer Anordnung im periodischen System fortlaufend numeriert, beim Wasserstoff mit 1 beginnend und beim Uran mit 92 aufhörend. Unsere Tabelle IV enthält ein Verzeichnis der Elemente nach steigenden Ordnungszahlen, in das außerdem die chemischen Symbole sowie die Atomgewichte aufgenommen wurden. Gemäß der genannten Theorie von A. van den Broek müßte also bei jedem Element die positive Ladung seines Atomkerns so viele elektrische Elementarquanten betragen, wie seine Atomnummer angibt. Insbesondere müßte die Kernladung des Wasserstoffatoms aus einem, die Kernladung des Heliumatoms aus zwei positiven Elementarquanten bestehen. An der Richtigkeit dieser so überaus einfachen Vorstellung konnte kaum noch gezweifelt werden, als es dem dänischen Physiker Niels Bohr gelang, mit ihrer Hilfe die Spektren des Wasserstoffs und des Heliums zu deuten. Ihre endgültige Bestätigung ist jetzt durch die Resultate

Tabelle IV

Nr.	Element	Symbol	Atomgewicht
1	Wasserstoff	H	1,008
2	Helium	He	4,00
3	Lithium	Li	6,94
4	Beryllium	Be	9,1
5	Bor	B	11,0
6	Kohlenstoff	C	12,0
7	Stickstoff	N	14,01
8	Sauerstoff	O	16,00
9	Fluor	F	19,0
10	Neon	Ne	20,2
11	Natrium	Na	23,00
12	Magnesium	Mg	24,32
13	Aluminium	Al	27,1
14	Silicium	Si	28,3
15	Phosphor	P	31,04
16	Schwefel	S	32,06
17	Chlor	Cl	35,46
18	Argon	A	39,88
19	Kalium	K	39,10
20	Calcium	Ca	40,07
21	Scandium	Sc	45,1
22	Titan	Ti	48,1
23	Vanadium	V	51,0
24	Chrom	Cr	52,0
25	Mangan	Mn	54,93
26	Eisen	Fe	55,84
27	Kobalt	Co	58,97
28	Nickel	Ni	58,68
29	Kupfer	Cu	63,57
30	Zink	Zn	65,37
31	Gallium	Ga	69,9
32	Germanium	Ge	72,5
33	Arsen	As	74,96
34	Selen	Se	79,2
35	Brom	Br	79,92
36	Krypton	Kr	89,92
37	Rubidium	Rb	85,45
38	Strontium	Sr	87,63
39	Yttrium	Y	88,7
40	Zirkonium	Zr	90,6
41	Niob	Nb	93,5
42	Molybdän	Mo	96,0
43	—	—	—
44	Ruthenium	Ru	101,7
45	Rhodium	Rh	102,9
46	Palladium	Pd	106,7
47	Silber	Ag	107,88
48	Cadmium	Cd	112,4
49	Jndium	Jn	114,8
50	Zinn	Sn	118,7
51	Antimon	Sb	120,2
52	Tellur	Te	127,5
53	Jod	J	126,92
54	Xenon	X	130,2
55	Caesium	Cs	132,81
56	Barium	Ba	137,37
57	Lanthan	La	139,0
58	Cer	Ce	140,25
59	Praseodym	Pr	140,9
60	Neodym	Nd	144,3
61	—	—	—
62	Samarium	Sm	150,4
63	Europium	Eu	152,0
64	Gadolinium	Gd	157,3
65	Terbium	Tb	159,2
66	Dysprosium	Dy	162,5
67	Holmium	Ho	16[illegible],5
68	Erbium	Er	167,7
69	Thulium I	Tu I	168,5
70	Ytterbium	Yb	173,5
71	Lutetium	Lu	175,0
72	Thulium II	Tu II	—
73	Tantal	Ta	181,5
74	Wolfram	W	184,0
75	—	—	—
76	Osmium	Os	190,9
77	Iridium	Ir	193,1
78	Platin	Pt	195,2
79	Gold	Au	197,2
80	Quecksilber	Hg	200,6
81	Thallium	Tl	204,0
82	Blei	Pb	207,20
83	Wismut	Bi	208,0
84	Polonium	Po	210
85	—	—	—
86	Radiumemanation	Ra Em	222
87	—	—	—
88	Radium	Ra	225,97
89	Actinium	Ac	(226)
90	Thorium	Th	232,15
91	Protaktinium	Pa	(230)
92	Uran	U	238,2

Chadwicks erfolgt, und damit sind uns die tiefsten Einblicke in sämtliche Atombauten erschlossen. Der Kernladungszahl gleicht die Zahl der Elektronen, die im Rutherfordschen Modell den positiven Kern als Atomsonne umkreisen, und so mißt die Atomnummer zugleich die Anzahl der Planeten, die das Atom eines jeden chemischen Elements in Form von negativen Elektronen aufzuweisen hat.

Naturgemäß erhebt sich jetzt die Frage, in welcher Weise sich die einzelnen Elektronen in den verschiedenartigen Atomen angeordnet befinden. Für die beiden einfachsten Atombauten, nämlich die des Wasserstoffs und des Heliums, konnte die Antwort bereits mit zufriedenstellender Gründlichkeit gegeben werden. Das Wasserstoffatom besteht aus einem einfach geladenen positiven Kern und einem einzigen negativen Elektron, das jenen Kern in bestimmtem Abstand umkreist. Das Helium hat einen zweifach geladenen positiven Kern, in dessen unmittelbarer Nähe ein negatives Elektron sich aufhält. Beide umkreisen einander nach der Art eines Doppelsterns, während ein zweites Elektron in größerer Entfernung um diesen Doppelstern als Mittelpunkt herumläuft.

Mit diesen Angaben sind im großen und ganzen unsere bisher als völlig sicher begründet anzusehenden Kenntnisse der speziellen Atommodelle erschöpft. Mit zunehmender Elektronenzahl wachsen die Schwierigkeiten, ihre Anordnung zu bestimmen, ins Ungeheure, und so müssen wir uns einstweilen damit begnügen, aus dem experimentellen Tatsachenmaterial so viel als nur irgend möglich herauszuholen, was weitere Fortschritte in dieser Richtung herbeiführen kann.

Bemerkenswerte Aufschlüsse über die Elektronenbauten zahlreicher Atomsorten wurden kürzlich durch erneute Behandlung eines Problems gewonnen, das schon seit langen Zeiten den Gegenstand eifrigen Nachdenkens gebildet hat. Nachdem nämlich die wissenschaftliche Chemie zu der Erkenntnis geführt hatte, daß im allgemeinen die Atome eines beliebigen chemischen Elements sich mit Atomen anderer Elemente zu Molekülen zusammenschließen können, mußte sich notwendigerweise die Frage aufdrängen, wodurch die Atome zu solchen gegenseitigen Bindungen befähigt werden. Man neigte dazu, den Zusammenhalt der Moleküle auf eine eigentümliche Anziehungskraft zurückzuführen, die sämtlichen Atomen je nach ihrer Natur in verschieden hohem Maße zukommt und die man als chemische Affinität bezeichnete. Mit diesem Namen wollte man zum Ausdruck bringen, daß sich die wechselseitige Anziehungskraft der Atome nach dem Grad der Verwandtschaft richtet, in der sie zueinander stehen. So schrieb beispielsweise im Jahre 1781 der französische Forscher Geoffroy in einer Mitteilung der Königlichen Akademie der Wissenschaften den folgenden Satz: „Jedesmal, wenn zwei Stoffe, die einige Neigung haben sich zu verbinden, miteinander verbunden sind, und es kommt ein dritter dazu, welcher mehr Beziehung zu einem von beiden hat, so verbindet er sich mit ihm und treibt den andern aus." Eine ähnliche Anschauungsweise finden wir in Goethes „Wahlverwandtschaften" vertreten: „In diesem Fahrenlassen und Ergreifen, in diesem Fliehen und Suchen glaubt man wirklich eine höhere Bestimmung zu sehen; man traut solchen Wesen eine Art Wollen und Wählen zu und hält das Kunstwort Wahlverwandtschaften für vollkommen gerechtfertigt.... Man muß diese totscheinenden und doch zur Tätigkeit innerlich immer bereiten Wesen wirkend vor seinen Augen sehen, mit Teilnahme schauen, wie sie einander suchen, sich anziehen, ergreifen, zerstören, verschlingen, aufzehren und sodann aus der innigsten Verbindung wieder in erneuter, neuer, unerwarteter Gestalt hervortreten: dann traut man ihnen erst ein ewiges Leben, ja wohl Sinn und Verstand zu, weil wir unsere Sinne kaum genügend fühlen, sie recht zu beobachten, und unsere Vernunft kaum hinlänglich, sie zu fassen."

Freilich, die damalige Vernunft vermochte nicht auszureichen, den tieferen Sinn der „Wahlverwandtschaften" zu erfassen. Aber die Wissenschaft ist emsig fortgeschritten seit jener Zeit, und wenn auch der unglückselige Faust in seiner wilden Verzweiflung aufschreit:

„Geheimnisvoll am lichten Tag
Läßt sich Natur des Schleiers nicht berauben,
Und was sie deinem Geist nicht offenbaren mag,
Das zwingst du ihr nicht ab mit Hebeln und mit
Schrauben",

so straft ihn die Entwicklung unserer naturwissenschaftlichen Kenntnisse Lügen. Selbst der Schleier über der chemischen Affinität hat sich zu lüften begonnen.

Um für die chemische Affinität, die als Ursache des Zusammenhaltens der Atome zu Molekülen angesehen wird, einen zahlenmäßigen Ausdruck zu gewinnen, hat man den Begriff der Valenz oder der Wertigkeit eingeführt. Man schreibt dem Wasserstoff die Wertigkeit 1 zu, und mißt die Valenz der übrigen Elemente daran, wieviel Wasserstoffatome ein Atom des betreffenden Elements infolge seiner Affinität festzuhalten vermag. Nehmen wir als Beispiel das Wasser, so besagt ja dessen Formel H_2 O, daß ein Sauerstoffatom fähig ist, zwei Atome Wasserstoff an sich zu binden. Infolgedessen ist der Sauerstoff ein zweiwertiges Element. Die Formel des Schwefelwasserstoffs ist H_2 S, so daß auch der Schwefel als ein zweiwertiges Element anzusprechen ist. Indem man nun weiter annimmt, daß sich die chemischen Elemente zu einer chemischen Verbindung immer nur so vereinigen, daß gleiche Wertigkeiten gegeneinander stehen, so kann man einmal aus den bekannten Formeln verschiedener Verbindungen die Wertigkeiten der verschiedenen Elemente ableiten. Andererseits kann man aber auch aus den bekannten Wertigkeiten der miteinander sich verkettenden Elemente die Formel der betreffenden Verbindung bestimmen. So folgt zum Beispiel aus der Formel Hg S des Zinnobers, daß das Quecksilber die gleiche Wertigkeit wie der Schwefel besitzen, mithin ebenfalls zweiwertig sein muß. Andererseits muß die Formel für die Sauerstoffverbindung des Quecksilbers Hg O lauten, da sowohl der Sauerstoff als auch das Quecksilber zweiwertig sind Dagegen lautet die Formel der Sauerstoffverbindung des Natriums Na_2 O, weil Natrium ein einwertiges, Sauerstoff aber ein zweiwertiges Element ist. Schließlich ist noch zu erwähnen, daß ein und dasselbe Element in manchen Fällen verschiedene Valenzen zu betätigen vermag. Gegenüber dem Wasserstoff ist der Schwefel, wie wir sahen, zweiwertig; gegenüber dem Sauerstoff aber tritt er in der Verbindung SO_2 als ein vierwertiges, in der Verbindung SO_3 sogar als ein sechswertiges Element auf.

Betrachtet man nun die Valenzen der verschiedenen chemischen Elemente mit Bezug auf ihre Stellung im periodischen System, so macht sich eine eigentümliche Regelmäßigkeit bemerkbar. Um dieselbe deutlich hervortreten zu lassen, haben wir in unserer Tabelle V die einzelnen Gruppen des periodischen Systems in der heute zumeist üblichen Anordnung wiedergegeben. Am Kopf jeder Spalte ist die entsprechende Gruppenbezeichnung in römischer Ziffer eingetragen. Die Bedeutung der chemischen Symbole ist aus unserer Tabelle IV ersichtlich; um den Vergleich dieser beiden Tabellen zu erleichtern, wurden den Symbolen die betreffenden Ordnungszahlen beigefügt.

Die höchste Wertigkeit, welche die Elemente zu betätigen vermögen, zeigen sie in ihren Verbindungen mit Sauerstoff. In der ersten der beiden unten in Tabelle V angefügten Reihen ist die allgemeine chemische Formel der höchsten Sauerstoffverbindungen jeder einzelnen Gruppe angegeben. Dabei bedeutet R das jeweils gewählte Element der betreffenden Gruppe. Wenn man nun bedenkt, daß der Sauerstoff selbst zweiwertig ist, so folgt aus den Angaben unserer Tabelle, daß die höchste Valenz gegenüber dem Sauerstoff für jedes

Element gleich der Nummer seiner Gruppe im periodischen System ist. Ein Element aus der zweiten Gruppe, beispielsweise das Calcium, ist also in dieser Hinsicht zweiwertig — die chemische Formel seiner Sauerstoffverbindung ist Ca O. Phosphor, ein Element aus der fünften Gruppe, ist fünfwertig; seiner Sauerstoffverbindung kommt die Formel $P_2\ O_5$ zu.

Während also die höchste Valenzzahl gegenüber dem Sauerstoff ganz regelmäßig von Gruppe zu Gruppe um 1 wächst, zeigt die gegenüber dem Wasserstoff betätigte Valenz einen deutlich anderen Verlauf. Wie wir aus den allgemeinen, in ihrer Bedeutung jetzt wohl ohne weiteres verständlichen Formeln in der letzten Reihe der Tabelle V sogleich sehen, steigt diese höchste Wasserstoffvalenz bis zur vierten Gruppe an und nimmt dann wieder regelmäßig ab bis zur achten Gruppe.

Tabelle V

0	I	II	III	IV	V	VI	VII	VIII Gruppe
	1 H							
2 He	3 Li	4 Be	5 B	6 C	7 N	8 O	9 F	
10 Ne	11 Na	12 Mg	13 Al	14 Si	15 P	16 S	17 Cl	
18 Ar	19 K	20 Ca	21 Sc	22 Ti	23 V	24 Cr	25 Mn	26 Fe 27 Co 28 Ni
	29 Cu	30 Zn	31 Ga	32 Ge	33 As	34 Se	35 Br	
36 Kr	37 Rb	38 Sr	39 Y	40 Zr	41 Nb	42 Mo	43 —	44 Ru 45 Rh 46 Pd
	47 Ag	48 Cd	49 In	50 Sn	51 Sb	52 Te	53 J	
54 X	55 Cs	56 Ba	57—72 Erden		73 Ta	74 W	75 —	76 Os 77 Ir 78 Pt
	79 Au	80 Hg	81 Tl	82 Pb	83 Bi	84 Po	85 —	
86 Em	87 —	88 Ra	89 Ac	90 Th	91 Pa	92 U		
—	R_2O	RO	R_2O_3	RO_2	R_2O_5	RO_3	R_2O_7	RO_4
—	(RH)	(RH_2)	(RH_3)	RH_4	RH_3	RH_2	RH	

Eine Sonderstellung kommt der nullten Gruppe zu. Sie enthält die Edelgase, von denen wir schon früher hörten, daß sie sich überhaupt nicht chemisch zu binden, mithin überhaupt keine Valenzen zu betätigen vermögen.

Bezeichnet man, wie üblich, die Sauerstoffvalenzen als positive und die Wasserstoffvalenzen als negative Valenzen, so läßt sich das Ergebnis unserer letzten Betrachtungen in der übersichtlichen Form der Tabelle VI wiedergeben. Dabei wurde von den negativen Valenzen der drei ersten Gruppen zunächst abgesehen, auf welche wir später noch zurückkommen werden.

Tabelle VI

Gruppe	I	II	III	IV	V	VI	VII	VIII
Positive Valenzen	1	2	3	4	5	6	7	8
Negative Valenzen				4	3	2	1	

Einen ersten nennenswerten Versuch, die Natur der Valenzkräfte einheitlich zu deuten, hat um das Jahr 1812 der schwedische Chemiker Johann Jakob Berzelius unternommen. Berzelius ging von der Annahme aus, daß jedes Atom zwei elektrische Pole enthält, von denen der eine negativ, der andere positiv geladen ist. Diese beiden Pole sind jedoch verschieden stark, so daß die Atome des einen Elements positiv elektrisch, die Atome eines anderen Elements dagegen negativ elektrisch wirken. Die Vereinigung der zwei Elemente zu einer chemischen Verbindung wurde dann so gedacht, daß dabei die entgegengesetzten Pole der betreffenden Atome ihre elektrischen Ladungen gegenseitig ausgleichen.

Allein die Berzeliussche Theorie der Valenzkräfte hat sich in der Folgezeit nicht zu behaupten vermocht. Das Interesse der Chemiker wandte sich anderen Problemen zu, und der Gedanke an eine elektrische Valenztheorie tauchte erst dann wieder auf, als mit der Dissoziationstheorie die elektrolytischen Vorgänge eine so überaus fruchtbare Erklärung fanden.

Schon früher hatten wir erwähnt, daß man die Ionen gewissermaßen als chemische Verbindungen von Atomen mit den Elementarquanten der positiven oder der negativen Elektrizität ansehen kann. Eine Reihe von Elementen verhält sich dabei in der Weise, als ob sie eine besondere Verwandtschaft zu der positiven, andere dagegen, als ob sie eine besondere Verwandtschaft zu der negativen Elektrizität besäßen. Elemente der ersten Art hat man elektropositive, Elemente der zweiten Art elektronegative Elemente geannnt. Betrachtet man nun die Verteilung dieser beiden Gruppen von Elementen über das periodische System, so ergibt sich die folgende auffallende Tatsache. Innerhalb jeder einzelnen Längsreihe findet ein Übergang von stark elektropositiven zu ausgesprochen elektronegativen Elementen statt. Bei den Ionen der elektropositiven Elemente ist die Zahl ihrer elektrischen Elementarquanten gleich der positiven Valenz des betreffenden Elements, während sie bei den Ionen der elektronegativen Elemente deren negativer Valenz gleicht. Nehmen wir als Beispiel das Kochsalz, das eine chemische Verbindung des stark elektropositiven Metalles Natrium mit dem stark elektronegativen Chlor darstellt. In wässeriger Lösung zerfällt es in Natriumionen und in Chlorionen. Da nun die positive Valenz des Natriums als eines Elementes der ersten Gruppe des periodischen Systems gleich 1 ist, so stellt ein Natriumion ein einfach positiv geladenes Natriumatom dar. Die Ladung des Chlorions dagegen bestimmt sich aus der negativen Valenz des Chlors. Diese ist, wie aus Tabelle VI zu ersehen ist, ebenfalls 1; mithin haben wir das Chlorion als ein mit einem Elementarquantum der negativen Elektrizität beladenes Chloratom anzusehen.

Dieser nahe Zusammenhang, in dem die elektrischen Ladungen der elektrolytischen Ionen mit den Valenzeigenschaften der betreffenden Atome stehen, ließ kaum eine andere Deutung zu, als daß elektrische Ladungen beim Zusammenhalt der Atome zu Molekülen eine wichtige Rolle spielen. Zwar blieb die Möglichkeit dieser Annahme zunächst auf diejenigen Verbindungen beschränkt, die in wässerigen Lösungen zu dissociieren vermögen, jedoch lag natürlich die Versuchung nahe, sie zu verallgemeinern und damit eine einheitliche elektrische Theorie der Valenzkräfte auszubilden.

Zu besonderer Anerkennung gelangten die Anschauungen, welche während der Jahre 1908 bis 1915 von dem jetzt in Würzburg tätigen Physiker Johannes Stark entwickelt wurden. Er ging dabei von den folgenden Grundannahmen aus. Das chemische Atom besteht aus negativen Elektronen und aus einer gleich großen Anzahl positiver Elementarquanten. Ein Teil der Elektronen befindet sich an der Oberfläche des Atoms; die übrigen bilden zusammen mit den positiven Elementarquanten das Atominnere, über dessen näheren Bau nichts weiter ausgesagt wird. Durch seinen Überschuß an positiven Elementarquanten gegenüber den in seinem Innern befindlichen Elektronen wirkt dieser Atomrest nach außen positiv elektrisch. Infolgedessen übt er auf die Oberflächenelektronen Anziehungskräfte aus, und damit diese nicht in ihn hinein stürzen, sondern auf der Oberfäche Ruhelagen einnehmen können, müssen gewisse Kräfte angenommen werden, welche die Elektronen vom Kern fern halten. Auch über diese Hilfskräfte wird nichts weiter angegeben, als daß sie sicherlich nicht elektrischer oder magnetischer Natur sein können. Die Oberflächenelektronen werden ferner als verhältnismäßig leicht abtrennbar vorgestellt, und durch ihren teilweisen oder völligen Verlust wird das betreffende Atom zu einem einfach oder mehrfach positiv elektrisch geladenen Ion. Im Gegensatz dazu bildet sich ein negatives Ion, wenn das neutrale Atom an seiner Oberfläche noch ein oder mehrere fremde, das heißt von einem anderen Atom abgegebene Elektronen anlagert.

Die Oberflächenelektronen eines Atoms sieht nun Stark als die Träger der Valenzeigenschaften an und bezeichnet sie demgemäß als Valenzelektronen. Werden nämlich zwei verschiedene neutrale Atome aus großer Entfernung bis auf einen kleinen Abstand einander genähert, so bietet sich den

Valenzelektronen außer dem positiven Rest des eigenen Atoms noch der positive Rest des anderen Atoms dar, um die von ihnen ausgehenden elektrischen Kräfte zu betätigen. Infolge dieser wechselseitigen Kräfte sollen sich die Valenzelektronen und die positiven Reste der beiden Atome so lange gegeneinander verschieben, bis sie eine neue gemeinsame Gleichgewichtslage eingenommen haben, aus der sie durch äußere Kräfte nicht wieder herausgeschoben werden können, ohne daß sich bei ihnen entsprechende Gegenkräfte auslösen, welche einer Zerstörung der Gleichgewichtslage entgegenarbeiten. Dank den elektrischen Kraftfeldern an ihrer Oberfläche sollen sich also die Atome zu Molekülen verbinden. Für das grundverschiedene Verhalten der elektropositiven und der elektronegativen Elemente wird der Unterschied in dem elektrischen Aufbau ihrer Atome verantwortlich gemacht. Bei einem elektropositiven Atom sollen die Valenzelektronen in großer Entfernung von ihrem positiven Atomrest liegen, während beim elektronegativen Atom der Abstand zwischen Valenzelektronen und positivem Rest sehr klein im Verhältnis zum Durchmesser des Restes sein soll. Infolgedessen besitzt das elektropositive Atom nur ein sehr schwaches Vermögen, ein fremdes Elektron an sich zu ketten, das elektronegative dagegen ein sehr starkes. Aus dieser Verschiedenheit sollen sich dann all die zahlreichen Möglichkeiten ableiten lassen, die sich bei der wechselseitigen chemischen Bindung der verschiedenen Atome für die Art und die Festigkeit dieser Bindungen ergeben.

Die soeben in ganz groben Zügen kurz geschilderte Elektronentheorie der Valenz vermag uns heute nicht mehr zu befriedigen. Einmal deshalb, weil sie sich genötigt sieht, unbekannte Kräfte hinzuzuziehen, um ihre Grundannahmen zu erhärten. Vor allem aber hat seit der Zeit ihrer Aufstellung unsere enntnis von der Atomstruktur gewaltige Fortschritte gemacht, und an die Stelle des unvollkommenen Starkschen

Atombildes hat das experimentell gesicherte Atommodell Rutherfords zu treten. Es erschien daher angebracht, auf Grund dieser neuen Erkenntnisse eine neue elektrische Theorie der Valenzkräfte zu versuchen, zumal sich dadurch eine Möglichkeit bot, die verschiedenen atomistischen Elektronenbauten näher zu erforschen. Es ist das Verdienst des Münchener Physikers Walter Kossel, diesen Versuch unternommen und ihn zu einem vielversprechenden Ergebnis geführt zu haben.

Als das Wesen der Molekülbildung betrachtet Kossel das Ineinandergreifen der äußersten Teile der Elektronenbauten verschiedener Atome. Da nämlich gemäß unseren früheren Darlegungen anscheinend niemals mehr als acht Valenzen an einem und demselben Atom in Tätigkeit treten, so kann auch nur ein kleiner Teil der im Atom vorhandenen Elektronen für den genannten Austausch in Frage kommen. Nun wissen wir weiter, daß jedes Element ein Elektron und ein Elementarquantum der positiven Elektrizität mehr enthält als dasjenige Element, das ihm im periodischen System vorangeht. Das dabei neu hinzutretende positive Elementarquantum wird natürlich im Atomkern addiert und erhöht daher die Kernladungszahl um 1. Andererseits wissen wir, daß die höchste Valenzbetätigung der Elemente beim Durchlaufen einer Querreihe des periodischen Systems in der nullten Gruppe mit Null beginnt, sodann von Gruppe zu Gruppe um 1 zunimmt, um beim Übergang in die nächste Querreihe wieder auf Null herabzusinken. Beschränken wir uns bei unseren Betrachtungen auf das Gebiet der beiden ersten Querreihen, also auf die Elemente vom Helium bis zum Chlor (vgl. Tabelle V), so wiederholen sich nach je 8 Stellen Elemente von gleichgroßer Höchstvalenz. Nach Hinzufügung von acht Elektronen müßte sich daher auch dieselbe Oberflächenanordnung im Atom ergeben. Aus diesem Grunde ordnet Kossel die von Element zu Element neu hinzugefügten Elektronen auf konzentrischen Ringen oder Kugelschalen an, auf denen jeweils nur acht Elektronen Platz finden. Ist ein Ring oder eine Schale vollendet, so wird beim nächsten Element eine neue begonnen, und damit ist dann eine regelmäßige Wiederholung aller vorher erhaltenen Oberflächenanordnungen gewährleistet.

Natürlich erhebt sich jetzt die Frage, in welcher Gruppe des periodischen Systems diejenigen Elemente zu suchen sind, bei denen eine neue Schale mit einem einzigen, außen liegenden Elektron begonnen wird. Kossel entscheidet sich für die erste Gruppe, weil die zu ihr gehörenden Leichtmetalle besonders locker gebundene Elektronen enthalten. Infolgedessen muß den Elementen der nullten Gruppe eine völlig abgeschlossene Schale und den Elementen der VII. Gruppe eine solche Schale zugeschrieben werden, bei der gerade noch ein Elektron an der völligen Besetzung fehlt. Diese letzte Folgerung steht in bester Übereinstimmung mit der experimentell gefundenen Erfahrungstatsache, daß die Elemente der VII. Gruppe eine besonders hohe „Verwandtschaft" zum freien Elektron äußern. Sie zeigen also das Bestreben, durch Aufnahme eines weiteren Elektrons ihre äußere Elektronenschale vollständig zu besetzen. In durchaus ähnlicher Absicht sind die Elemente der ersten Gruppe gern bereit, ihr alleinstehendes äußeres Elektron abzustoßen und damit auch ihrerseits eine vollständig besetzte Schale als Abschluß nach außen hin aufzuweisen. Eine solche vollständig besetzte letzte Schale ist aber das Kennzeichen der Edelgase, von denen wir nun schon mehrfach betont haben, daß sie nicht in der Lage sind, sich chemisch mit anderen Elementen zu verbinden. Sie sind also in ihrer Eigenschaft als Elemente außerordentlich beständig, und daher muß man die ihnen zugeschriebene Elektronenanordnung als eine besonders widerstandsfähige oder besonders stabile hinstellen. Indem wir nun die soeben an den Elementen der ersten und der siebenten Gruppe gemachten Erfahrungen sogleich verallgemeinern, können wir sagen, daß jedes Atom bestrebt ist, eine möglichst stabile Anordnung seiner Oberflächenelektronen zu erreichen. Im allgemeinen wird demnach ein Atom diejenigen Elektronen, die außerhalb der letzten vollendeten Schale liegen, verhältnismäßig leicht abgeben, während solche Atome, deren Elektronenzahl sich der eines Edelgases nähert, die Neigung besitzen werden, so viel fremde Elektronen aufzunehmen, daß die stabile Form des Edelgases erreicht wird.

Auf dieser Grundlage läßt sich der Vorgang der Molekülbildung ohne weiteres verständlich machen. Wie zuvor, so folgen wir auch jetzt den Ausführungen Kossels fast wörtlich. Trifft beispielsweise ein Chloratom mit einem Natriumatom zusammen, so bietet sich beiden eine willkommene Gelegenheit, der Neigung, die sie auch als freie Atome zeigen, zu folgen. Das Natriumatom gibt das eine weit außen gelegene Elektron ab, und das Chlor nimmt es bereitwilligst auf, um seinen Ring damit zu schließen. Beide haften nun als Kochsalzmolekül durch elektrische Anziehungskräfte aneinander, da ja das Chlorsystem als ganzes negativ, das Natriumsystem dagegen positiv geladen ist. Diese Ladungen kommen getrennt zum Vorschein, sobald man Kochsalz in Wasser löst. Infolge gewisser Eigenschaften des Wassers werden nämlich die zwischen jenen beiden Systemen wirksamen elektrischen Anziehungskräfte derartig geschwächt, daß sich die Systeme trennen und zwar in derjenigen Form, in der sie sich nunmehr befinden. Das Chlor behält also sein unrechtmäßiges Elektron und wird dadurch zu einem negativ geladenen Ion, während das Natrium als positives Ion mit dem Überschuß einer positiven Einheitsladung auftritt. Beide haben ihre chemischen Eigenschaften, die sie als neutrale Atome zeigen, völlig verloren, und das kann jetzt nicht weiter verwunderlich erscheinen. Denn das, was das chemische Verhalten der Atome ausmacht, ist ja gerade ihre

Neigung, die Oberflächenanordnung ihrer Elektronen in eine möglichst weitgehend stabile zu überführen. Dieser Neigung haben sie aber in Ionenform bereits nachgegeben, und so ist es ihnen nicht mehr möglich, sich in irgend einer Weise chemisch zu betätigen.

Wir haben soeben den Grundgedanken der Kosselschen Valenztheorie an dem Beispiel einer Molekülbildung aus einem Atom der I. und einem Atom der VII. Gruppe des periodischen Systems erläutert. Dieselben Betrachtungen lassen sich aber auch auf alle anderweitigen Molekülbildungen verallgemeinern. Um uns der üblichen chemischen Ausdrucksweise anzupassen, brauchen wir nur für jedes Elektron, das abgegeben werden kann, eine positive, und für jedes Elektron, das aufgenommen werden kann, eine negative Valenz einzusetzen. Dann erhalten wir gemäß der Kosselschen Theorie eine Verteilung der positiven und der negativen Valenzen über die einzelnen Gruppen des periodischen Systems (immer unter der Annahme, daß wir uns auf die beiden ersten Querreihen beschränken), wie sie in unserer Tabelle VII wiedergegeben ist. Vergleicht man diese Tabelle mit unserer früheren Tabelle VI, welche das durch die Erfahrung gesammelte Material enthält, so findet man zwischen beiden die weitestgehende Übereinstimmung. Die Kosselsche Theorie ist demnach durchaus imstande, das tatsächliche Verhalten der chemischen Elemente verständlich zu machen.

Tabelle VII

Gruppe	I	II	III	IV	V	VI	VII
Positive Valenzen	1	2	3	4	5	6	7
Negative Valenzen	7	6	5	4	3	2	1

Bei dieser Gelegenheit wollen wir kurz der Wasserstoffverbindungen Erwähnung tun, die von den Elementen der I. bis III. Gruppe des periodischen Systems bekannt geworden sind, und deren allgemeine Formeln wir in der letzten Längsreihe unserer Tabelle V in Klammern eingeschlossen hatten. Während nämlich der Wasserstoff im allgemeinen eine positive Valenz betätigt — genau wie ein Element der I. Gruppe des periodischen Systems — liegt nach kürzlich angestellten Untersuchungen des Berliner Physikochemikers Walter Nernst bei jenen Wasserstoffverbindungen der ersten Gruppen zweifellos eine negative Valenzbetätigung des Wasserstoffs vor. Sie mußten daher in der Tabelle VI unberücksichtigt bleiben, und damit wird die Übereinstimmung zwischen den Angaben der Tabellen VI und VII zu einer vollständigen. Die hohen negativen Valenzen der ersten Gruppen, welche die Kosselsche Theorie voraussieht, haben nur außerordentlich geringe Neigung, sich zu betätigen, und sie wurden bisher noch niemals wirklich beobachtet. Auf Grund der Kosselschen Theorie ist das auch ohne weiteres verständlich. Denn ihr zufolge werden ja die sämtlichen chemischen Vorgänge aus dem Bestreben der Atome heraus gedeutet, auf möglichst bequemem Wege die stabile Form einer vollbesetzten Schale von Oberflächenelektronen anzunehmen. Dieses Ideal erreichen die Elemente jener ersten Gruppen natürlich am einfachsten durch Einlagerung ihrer freistehenden Elektronen in die entsprechenden Lücken eines geeigneten Elementes einer höheren Gruppe, mit anderen Worten durch Betätigung ihrer positiven Valenz. Weit umständlicher wäre der andere Weg, die angefangene Schale durch Aufnahme von fremden Elektronen, also durch eine negative Valenzbetätigung, zu vollenden. Entsprechendes gilt — im umgekehrten Sinne — von der positiven Valenzbetätigung der Elemente der höheren Gruppen. So wird durch die Kosselsche Valenztheorie die früher erwähnte Gesetzmäßigkeit erklärt, daß innerhalb jeder einzelnen Längsreihe des periodischen Systems ein Übergang von stark elektropositiven zu stark elektronegativen Elementen stattfindet.

Und ebenso ist es jetzt einleuchtend, daß die elektrischen Elementarladungen der Ionen immer denjenigen Valenzen im Zahlenwert gleichen müssen, die in dem betreffenden dissociierten Molekül betätigt werden.

Durch die Kosselsche Valenztheorie werden die mannigfachen Erscheinungen der chemischen „Wahlverwandtschaften" einer einheitlichen Erklärung zugänglich gemacht. Aus einem Gesichtspunkt heraus finden sich ihr zufolge die Atome in so überaus mannigfachen Verbindungen zusammen; sie leitet allein das einzige Bestreben: ihrem Elektronenbau einen harmonischen Abschluß gegen die Außenwelt zu verleihen.

Auf weitere Einzelheiten der Kosselschen Valenztheorie können wir uns im Rahmen dieses Buches nicht einlassen. Ihre Zweckmäßigkeit hat sich durchaus bewährt, wie aus den folgenden Worten Kossels hervorgeht: „Die hier eingeführten Annahmen erweisen sich auch in den andern Anwendungen, für die sie in Frage kommen, in dem ganzen Umfang als brauchbar, in dem man die Voraussetzungen als gültig ansehen darf, unter denen sie aufgestellt sind. Die elektrischen Anziehungskräfte sind also prinzipiell durchaus fähig, die Valenzkräfte darzustellen, und der Umfang der Übereinstimmung läßt es sehr fraglich erscheinen, daß neben den elektrischen Kräften noch andere im Zusammenhalt der Moleküle tätig sind."

Die ersten Schritte zur Erforschung der Atombauten der verschiedenen Elemente sind gemacht. Aufgabe einer hoffentlich recht nahen Zukunft bleibt es — um mit den Worten des Münchener Physikers Arnold Sommerfeld zu sprechen — „eine vollständige Topologie des Atominnern und darüber hinaus eine mathematische Chemie zu entwerfen, das heißt, die genaue Stellung der Elektronen in der Atomhülle aufzuzeigen, welche die Atome befähigt, zu Molekülen und chemischen Verbindungen zusammenzutreten. Eine mathematische Physik gibt es seit über hundert Jahren; eine leistungsfähige mathematische Chemie in dem hier gemeinten Sinne, welche den noch sehr im Dunkeln liegenden Valenzbegriff zu klären und wenigstens in den typischen und einfachen Fällen die eintretenden Reaktionen vorherzusagen sich eignet, ist erst im Entstehen begriffen."

Was ist ein chemisches Element?

Eine wundervolle Examensfrage fürwahr, die Frage nach dem Wesen eines chemischen Elements. Eine Frage, bei deren Beantwortung sich Lehrer und Prüfling bös in die Haare geraten könnten.

Vor zwei Jahrzehnten freilich erschien die Sache furchtbar einfach, und letzten Endes war sie's auch. Denn nachdem die chemische Forschung seit dem Ende des 18. Jahrhunderts zu der Erkenntnis geführt hatte, daß sich die unendliche Vielzahl der Stoffe aus einer verhältnismäßig kleinen Gruppe von Grundstoffen ableiten läßt, daß also sämtliche Stoffe als chemische Verbindungen solcher Grundstoffe in ganz bestimmten, von Fall zu Fall wechselnden Verhältnissen anzusehen sind, konnte ein chemisches Element gewissermaßen als eine Art Urstoff definiert werden. Freilich in ganz anderem Sinne, als die griechischen Naturphilosophen dieses Wort gebraucht hatten. Eine besonders anschauliche Begriffserklärung des chemischen Elements hat der französische Chemiker Lavoisier in seinem berühmten Lehrbuch der Chemie aus dem Jahre 1789 gegeben:

„Die Voraussetzung von vier Elementen, welche durch ihre mannigfachen Verhältnisse alle uns bekannten Körper bilden, ist eine bloße Hypothese. Alles, was man über Anzahl und Natur dieser Elemente sagen kann, schränkt sich meiner Meinung nach bloß auf metaphysische Untersuchungen ein. Verbinden wir aber mit dem Ausdruck Element oder Grundstoff der Körper den Begriff des höchsten Ziels, das die chemische Analyse erreicht, so sind alle Substanzen, die wir noch durch keinen Weg haben zerlegen können, für uns Elemente. Sie wirken vor unseren Augen als einfache Körper, und wir dürfen sie nicht eher für zusammengesetzt halten, als in dem Augenblick, wo Erfahrungen und Beobachtungen uns davon Beweise gegeben haben."

Im engsten Zusammenhang mit dem Elementbegriff stand der Begriff des chemischen Atoms, wie er durch Dalton in die Wissenschaft eingeführt wurde. Mit kurzen Worten läßt sich dieser Zusammenhang dahin ausdrücken, daß die Zahl der verschiedenen Atomsorten der Zahl der chemischen Elemente gleicht, daß aber sämtliche Atome eines und desselben Elements untereinander völlig gleich beschaffen sind.

Eine erste Feuerprobe hatten die beiden Grundbegriffe der Chemie zu bestehen, als nach der Aufstellung der Zerfallstheorie durch Rutherford und Soddy der Möglichkeit eines Atomzerfalls Rechnung getragen werden mußte. Aber auch jetzt behielt die Lehre von den Elementen und den Atomen ihre Berechtigung und einen wohlbegründeten Sinn, wenn man etwa sagte: die Elemente sind Stoffe, die bei allen chemischen Vorgängen unverändert bleiben und die sich durch äußere Einwirkungen in kleinste Teilchen — die Atome — zerlegen lassen. Allein sehr bald schon entstanden neue Schwierigkeiten, deren Überwindung weit größere Mühe kosten sollte.

Die Entdeckung der Radioaktivität hatte in kurzer Zeit der Chemie eine recht beträchtliche Anzahl neuer Elemente zugeführt. Wir haben ja schon im dritten Kapitel eine lückenlose Aufzählung derselben gegeben. Beim Anblick jener drei „radioaktiven Stammbäume" wird die Frage sich aufdrängen, wie man zu ihrer Kenntnis gelangt ist, zumal doch die meisten der radioaktiven Elemente nur in unwägbar winzigen Mengen zur Verfügung stehen und dabei zuweilen eine außerordentlich kurze Halbwertszeit aufweisen. Den ersten Wegweiser hat natürlich das Elektrometer gebildet, und insbesondere der Empfindlichkeit unserer elektrometrischen Methoden ist es zu danken, daß das neue Gebiet so schnell erschlossen wurde. Andererseits aber gebührt auch der Zerfallstheorie von Rutherford und Soddy unstreitig das Verdienst, durch ihre geniale Deutung der radioaktiven

Erscheinungen zu jenem raschen Vordringen erheblich beigetragen zu haben. An der Hand eines einfachen Beispiels wollen wir es versuchen, uns diese Verhältnisse deutlicher zu veranschaulichen.

Versetzt man die wässerige Lösung einer Thoriumverbindung mit Ammoniak, so wird das gesamte Thorium in Form einer wasserunlöslichen Verbindung ausgefällt. In der Lösung aber bleibt ein Stoff zurück, der die Eigenschaft der Radioaktivität in besonders hohem Maße besitzt, und der von seinen Entdeckern Rutherford und Soddy Thorium X genannt wurde. Durch Abfiltrieren läßt sich der Niederschlag von der Lösung trennen und diese dann zur Trockne eindampfen. Dadurch erhält man also zwei Präparate — ein Thorium-Präparat und ein Thorium X-Präparat — von denen jedes für sich im Elektrometer untersucht werden kann. Das Thorium-Präparat zeigt das folgende Verhalten. Unmittelbar nach seiner Abscheidung ist seine Radioaktivität erheblich geringer als die der ursprünglichen Thoriumverbindung, aus der es durch die Behandlung mit Ammoniak gewonnen wurde. Zunächst vermindert sich seine Radioaktivität noch weiter, bis sie etwa einen Tag nach der Abscheidung ihren kleinsten Wert erreicht. Sodann nimmt sie nach einem ganz bestimmten Gesetz im Laufe der Zeit wieder zu und hat nach etwa einem Monat den normalen Wert der Radioaktivität einer gewöhnlichen Thoriumverbindung wieder erlangt. Dagegen befindet sich die Radioaktivität des Thorium X-Präparates unmittelbar nach der Abscheidung im Wachsen, bis sie nach etwa einem Tage ihren höchsten Wert erreicht und dann nach einem ganz bestimmten Gesetz im Laufe der Zeit ständig abnimmt. Nach einem Monat ist sie so gut wie vollständig verschwunden.

So haben wir also die merkwürdige Erscheinung, daß die radioaktive „Wieder-Erholung" des Thorium-Präparats und das Abklingen des Thorium X-Präparats im engsten Zusammenhang miteinander stehen. Auf Grund der Zerfallstheorie ist die Deutung unschwer gegeben. Das Thorium X ist ein Zerfallsprodukt des Thoriums. Allerdings, wie wir aus unserer Tabelle II ersehen können, kein unmittelbares, denn zwischen dem Thorium und dem Thorium X befinden sich ja noch das Mesothorium I, das Mesothorium II und das Radiothorium. Aber das tut hierbei nichts zur Sache. Wird nun das Thorium X durch die Behandlung mit Ammoniak von seiner Muttersubstanz getrennt, so zerfällt es im Laufe der Zeit vollständig zu Thoriumemanation. Und zwar vollzieht sich dieser Zerfall gemäß einer höchst einfachen Gesetzmäßigkeit, die der Mathematiker als Exponentialgesetz bezeichnet: die jeweils vorhandene Menge — und damit zugleich die Stärke ihrer Radioaktivität — sinkt innerhalb der Halbwertszeit auf den halben Betrag herab. Wir haben dieser Dinge ja schon früher Erwähnung getan, wollen aber an dieser Stelle ausdrücklich betonen, daß die Form des Abklingungsgesetzes bei allen radioaktiven Elementen durchaus die gleiche ist, und daß die einzelnen Elemente sich nur durch das Maß der Halbwertszeit voneinander unterscheiden. Sobald daher irgend eine radioaktive Strahlung das Exponentialgesetz nicht zu befolgen scheint, ist darin immer ein Hinweis auf das Vorliegen eines nicht einheitlichen Präparates zu erblicken. Vom abgeschiedenen Thorium X wird das Exponentialgesetz anfangs nicht befolgt. Es liegt das daran, daß sich erst Thoriumemanation und daraus wieder „aktiver Niederschlag" bilden muß, bevor das Abklingungsgesetz des Thorium X in seiner reinen Form zur Geltung kommen kann. Im Thorium-Präparat, das vom Thorium X befreit wurde, findet dauernde Neubildung von Thorium X statt. Die im Elektrometer während des ersten Tages zu beobachtende Verminderung der Radioaktivität ist auf den „aktiven Niederschlag" zurückzuführen, der beim Fällen des Thoriums aus der wässerigen Lösung mitgerissen wurde und welcher durch sein Abklingen die anfängliche Abnahme der Radioaktivität bedingt. Bald jedoch ist so viel neues Thorium X gebildet, daß die Gesamt-Aktivität des Präparats wieder wächst. Hand in Hand mit der Neubildung geht aber auch der Zerfall des Thorium X, und so stellt sich schließlich ein Gleichgewichtszustand heraus, in dem der Verlust der Radioaktivität des bereits erzeugten Thorium X durch die Radioaktivität des ständig neu gebildeten Thorium X ausgeglichen wird. Auf diese Weise kommt die anscheinend konstante, unveränderliche Radioaktivität eines gewöhnlichen Thoriumpräparats zustande, und erst eine unter ständiger elektrometrischer Kontrolle ausgeführte chemische Trennung hat den wahren Sachverhalt aufzudecken gestattet.

Zusammenfassend dürfen wir daher folgendes sagen. Ein neues radioaktives Element verrät sich zunächst durch eine Unregelmäßigkeit im Abklingungsvorgang irgend eines bekannten Präparats. Durch Anwendung verschiedener chemischer Methoden sucht man es sodann zu isolieren, und auf diese Weise erhält man Aufschluß über seine chemischen Eigenschaften. Denn ob ein bestimmtes chemisches Verfahren zu der Abscheidung des betreffenden Elements führt oder nicht, gibt sich immer am Elektrometer zu erkennen. Wegen der Empfindlichkeit der elektrometrischen Methode kann man daher die chemischen Eigenschaften von Substanzen auch dann genau bestimmen, wenn nur überaus geringe Mengen der betreffenden Substanz vorliegen — Mengen, denen gegenüber natürlich auch die feinste Wage und selbst die spektralanalytische Untersuchung völlig versagen müßten.

Aber nicht nur die chemischen Eigenschaften der radioaktiven Elemente, sondern auch ihre Atomgewichte lassen sich bestimmen. Allerdings zumeist nicht auf direktem Wege, denn dazu sind die vorliegenden Mengen bei weitem nicht ausreichend. Vielmehr führt eine eigentümliche Schlußweise zum Ziel, die sich auf die Kenntnis von der Natur der radioaktiven Strahlungen gründet. Wir haben ja bereits gehört, daß die α-Teilchen zweifach positiv elektrisch geladene Heliumatome, die β-Teilchen dagegen negative Elektronen sind, deren Masse rund zweitausendmal kleiner als die Masse eines Wasserstoffatoms ist. Wandelt sich nun ein Element A unter Aussendung von α-Strahlen in ein neues Element B um, so unterscheiden sich offenbar die Atome des Elementes B von den Atomen des Elementes A genau um die Masse eines α-Teilchens. Das Atomgewicht des Heliums ist aber 4, und so wäre zu schließen, daß das Atomgewicht des Elementes B genau um 4 kleiner ist als das Atomgewicht des Elementes A. Erfolgt dagegen die Umwandlung unter Aussendung von β-Strahlen, so können sich die Atome von A und von B nur um den Gehalt eines einzigen Elektrons unterscheiden. Ihre Massen werden also die gleichen sein, und wir haben daher den beiden Elementen A und B in diesem Falle dasselbe Atomgewicht zuzuschreiben. Auf diese Weise erhalten wir zur Bestimmung des Atomgewichtes der Radioelemente die folgende Regel: Durch eine von α-Strahlen begleitete Umwandlung wird das Atomgewicht um 4 vermindert; bei einer von β-Strahlen begleiteten Umwandlung dagegen bleibt das Atomgewicht unverändert.

Nehmen wir als Beispiel die Uran-Radium-Reihe. Das Atomgewicht des Uran I ist seit längerer Zeit gut bekannt; es beträgt nahezu 238. Wie aus unserer Tabelle I zu ersehen ist, wandelt es sich unter Aussendung von α-Strahlung in das Uran X_1 um. Gemäß der eben mitgeteilten Regel muß also das Uran X_1 das Atomgewicht $238 - 4 = 234$ haben, und dasselbe Atomgewicht muß dem Uran X_2 zukommen, da es aus dem Uran X_1 unter Aussendung von β-Strahlen hervorgeht. Aus dem Uran X_2 entsteht unter Abgabe von β-Strahlen das Uran II, so daß wir auch dessen Atomgewicht gleich 234 zu setzen haben. Das Uran II zerfällt über Ionium unter zweifacher α-Strahlung zu Radium. Infolgedessen bechnet sich das Atomgewicht des Radiums zu 234 — 2·4 = 226. Nun hatte aber schon Madame Curie vor mehreren Jahren wiederholte Atomgewichtsbestimmungen am Radium selbst vornehmen können, und neuerdings wurde es von O. Hönigschmid mit großer Genauigkeit zu 225,97 ermittelt. Man sieht daraus, daß die theoretische Methode der Atomgewichtsberechnung radioaktiver Elemente tatsächlich zuverlässige Resultate liefert.

Auf Grund seiner chemischen Eigenschaften und seines Atomgewichtes sollte n n einem jeden radioaktiven Element ein ganz bestimmter Platz im periodischen System der chemischen Elemente zukommen. Als man aber den Versuch machte, diese Einordnung in das periodische System wirklich vorzunehmen, stieß man bald auf erhebliche Schwierigkeiten. Schon bei den ersten Anfängen einer genaueren Untersuchung der chemischen Eigenschaften der radioaktiven Elemente hatte man nämlich die sonderbare Tatsache gefunden, daß sich manche dieser Stoffe in weitgehendem Maße ähnlich verhalten. Im Jahre 1911 kam dann Fr. Soddy im Verlauf seiner Versuche mit Radium und Mesothorium I als erster zu der klaren Einsicht, daß es radioaktive Elemente gibt, welche trotz ihrer verschiedenen Atomgewichte in ihren sämtlichen chemischen Eigenschaften vollständig übereinstimmen. Sie sind also in chemischer Hinsicht als ein und dasselbe Element anzusprechen, und im periodischen System nehmen sie daher auch einen und denselben Platz ein. Aus diesem Grunde wurden solche Elemente von Soddy als isotope Elemente oder kurz als Isotope bezeichnet, welches Wort der griechischen Sprache entlehnt ist und so viel wie „den gleichen Platz einnehmend" bedeutet.

Im gleichen Jahre, in dem Soddy den Begriff der Isotopie in die Wissenschaft einführte, wies er auf eine einfache Gesetzmäßigkeit hin, die bei denjenigen radioaktiven Umwandlungen zu beobachten war, welche unter Aussendung von α-Strahlen vor sich gehen, und bei denen schon damals die chemischen Eigenschaften sowohl des Mutterelements als auch des Tochterelements mit genügender Sicherheit bekannt waren. Es zeigte sich nämlich, daß in solchen Fällen das Tochterelement einer Gruppe des periodischen Systems angehört, deren Nummer um 2 kleiner ist als die Gruppennummer des Mutterelements. So gehört beispielsweise das Radium auf Grund seiner chemischen Eigenschaften in die zweite Gruppe; unter Aussendung von α-Strahlen zerfällt es zur Radiumemanation, die sich chemisch vollständig wie ein Edelgas verhält, und die demgemäß in die nullte Gruppe des periodischen Systems einzureihen ist. Ferner gehört das Thorium in die vierte Gruppe; sein unter Aussendung von α-Strahlen gebildetes Umwandlungsprodukt, das Mesothorium I, in die zweite.

Nachdem einmal die Aufmerksamkeit auf solche gesetzmäßigen Beziehungen zwischen der Reihenfolge der radioaktiven Elemente in den Umwandlungsreihen einerseits und ihrer Stellung im periodischen System andererseits gelenkt worden war, lag natürlich der Gedanke nahe, allgemeingültige Gesetzmäßigkeiten dieser Art zu formulieren und damit eine neue Handhabe zu gewinnen, die schwierige Frage der chemischen Natur der radioaktiven Elemente ihrer Lösung näher zu bringen. Schon im Jahre 1913 wurden denn auch von Kasimir Fajans und fast gleichzeitig von Soddy die folgenden beiden sogenannten Verschiebungssätze aufgestellt:

1. Eine Umwandlung, die unter Aussendung von α-Strahlen erfolgt, verschiebt die Stellung des Tochterelements bezüglich der Stellung des Mutterelements um zwei Gruppen nach links, also in die zweitniedrigere Gruppe.

2. Eine Umwandlung, die unter Aussendung von β-Strahlen erfolgt, verschiebt die Stellung des Tochterelements bezüglich der Stellung des Mutterelements um eine Gruppe nach rechts, also in die nächsthöhere Gruppe.

Die Brauchbarkeit dieser Verschiebungssätze konnte schon sehr bald nach ihrer Aufstellung in der überzeugendsten Weise dargetan werden. Zunächst erschien es nämlich, als ob sie am Anfang der Uran-Radium-Reihe eine doppelte Ausnahme erführen. Denn gemäß den damaligen Kenntnissen sollten sich dort die Umwandlungen nach dem folgenden Schema vollziehen:

Uran I $\xrightarrow{\alpha}$ Uran II $\xrightarrow{\alpha}$ Uran X $\xrightarrow{\beta}$ Ionium $\xrightarrow{\alpha}$ Radium.

Die Existenz des Uran II war durch radioaktive Beobachtungen sichergestellt worden; andererseits aber ergab die chemische Untersuchung, daß es vom Uran I auf keinerlei Weise abgetrennt werden kann. Infolgedessen waren das Uran I und das Uran II als Isotope anzusehen und beide in dieselbe Gruppe des periodischen Systems, und zwar in die sechste, einzureihen. Der erste Verschiebungssatz dagegen verlangte als Umwandlungsprodukt des Uran I ein Element der vierten Gruppe. Da nun das Uran X auf Grund seines chemischen Verhaltens in die vierte Gruppe gehört, so nahmen Soddy sowie auch andere Forscher die folgende Umstellung vor:

Uran I $\xrightarrow{\alpha}$ Uran X $\xrightarrow{\beta}$ Uran II $\xrightarrow{\alpha}$ Ionium $\xrightarrow{\alpha}$ Radium.

Gegen diese Umstellung war vonseiten der experimentellen Ergebnisse nichts einzuwenden, aber sie enthielt insofern einen weiteren Verstoß gegen die Verschiebungssätze, als dabei die β-Strahlen-Aussendung des Uran X zu einer Verschiebung um zwei Gruppen nach rechts, nämlich aus der vierten in die sechste führen müßte, während der zweite Verschiebungssatz doch nur eine Verschiebung um eine Gruppe fordert. Sowohl A. S. Russell als auch Fajans machten deshalb die Annahme, daß das Uran X aus zwei aufeinanderfolgenden β-Strahlern besteht, von denen dem einen, dem Uran X_1, die bis dahin dem Uran X zugeschriebene Halbwertszeit von 24,6 Tagen und seine chemischen Eigenschaften zukommen sollten, während das aus ihm entstehende Uran X_2

ein kurzlebiges Element der fünften Gruppe sein sollte. Diese Vermutung wurde durch gemeinsame Versuche von Fajans und O. Göhring im vollen Umfang bestätigt.

Mit Hilfe der beiden Verschiebungssätze war es nun ein leichtes, den sämtlichen radioaktiven Elementen ihre Plätze im periodischen System der chemischen Elemente anzuweisen. Die dabei erhaltenen Resultate haben wir in unserer Tabelle VIII zusammengestellt. Sie gibt ein Bild der zwei letzten Längsreihen des periodischen Systems, die sich infolge der Erscheinung der Isotopie dadurch auszeichnen, daß ihre einzelnen Plätze zumeist von mehreren Isotopen eingenommen werden. Bei jedem Isotop ist das Atomgewicht angegeben, und man sieht leicht, daß in einer und derselben Gruppe sich häufig sehr stark von einander abweichende Atomgewichte vereinigt befinden.

Von besonderem Interesse ist die Isotopen-Gruppe des Bleis geworden. Wie man nämlich aus einem Vergleich mit den Tabellen I und II erkennt, enthält sie unter anderem die „Endprodukte" der Uran-Radium-Reihe und der Thorium-Reihe, nämlich das Radium G und das Thorium D. Es muß also neben dem gewöhnlichen Blei mit dem Atomgewicht 207,2 einmal ein „Uranblei" vom Atomgewicht 206,0 und andererseits ein „Thoriumblei" vom Atomgewicht 208,0 geben. Diese theoretisch abgeleiteten Resultate ließen sich prüfen, indem man Atomgewichtsbestimmungen an solchen Bleipräparaten vornahm, die aus radioaktiven Mineralien dargestellt werden können. Schon die ersten Versuche dieser Art, die auf Anregung von Fajans im Jahre 1916 durch Th. W. Richards und M. Lembert ausgeführt wurden, ergaben bei Bleipräparaten aus Uranmineralien Werte, welche zwischen 206,9 und 206,4 lagen. Zu noch niedrigeren Werten, nämlich bis zu 206,05 herunter, gelangten in neueren Versuchen sowohl O. Hönigschmid und St. Horovitz als auch Th. W. Richards und Ch. Wadsworth. Sie benutzten

Tabelle VIII

o	I	II	III	IV	V	VI Gruppe
	Gold 197,2	Quecksilber 200,6	Thallium 204,0 Actinium C″ 206 Thorium C″ 208 Radium C″ 210	Radium G 206,0 Blei 207,20 Actinium D 206 Thorium D 208,0 Radium D 210 Actinium B 210 Thorium B 212 Radium B 214	Wismut 208,0 Radium E 210 Actinium C 210 Thorium C 212 Radium C 214	Polonium (Radium F) 210 Actinium C′ 210 Thorium C′ 212 Radium C′ 214 Actinium A 214 Thorium A 216 Radium A 218
Actinium-emanation 218 Thorium-emanation 220 Radium-emanation 222	—	Actinium X 222 Thorium X 224 Radium 225,97 Mesothorium 1 228	Actinium 226 Mesothorium 2 228	Radioactinium 226 Radiothorium 228 Jonium 230 Uran Y 230 Thorium 232,15 Uran X_1 234	Protactinium 230 Uran X_2 234	Uran II 234 Uran I 238,2

dabei zur Bleigewinnung besonders sorgfältig ausgesuchte Uranmineralien, die möglichst frei von fremden Begleitmineralien waren. Wie man sieht, weicht das letztgenannte Resultat nur sehr wenig von dem für Radium G theoretisch berechneten Wert ab. Der kleine Unterschied läßt sich höchstwahrscheinlich auf die Anwesenheit schwererer Blei-Isotopen anderer Herkunft zurückführen.

Wesentlich schwieriger gestaltete sich die Möglichkeit, auch das Atomgewicht des Thoriumbleis direkt zu bestimmen. Der Grund dafür liegt darin, daß man keine uranfreien Thoriummineralien kennt. Infolgedessen entsteht in den Thorium-Uran-Mineralien neben dem Thoriumblei vom Atomgewicht 208,0 stets auch Uranblei vom Atomgewicht 206,0, und das aus dem Mineral dargestellte Blei ist als ein Gemisch dieser beiden Bleiarten anzusehen, dessen „Atomgewicht" von dem jeweils vorliegenden Mischungsverhältnis seiner beiden Bestandteile abhängig ist. Besonders günstige Verhältnisse bot ein Thorit aus Norwegen dar, den Fajans auf Blei verarbeitete. Das Atomgewicht dieses Bleis wurde von Hönigschmid zu 207,90 bestimmt, und da sein Gehalt an Uranblei sich angenähert berechnen läßt, führte es für das reine Thoriumblei zu einem Atomgewicht von mindestens 207,97. Die Übereinstimmung mit dem theoretisch erwarteten Wert von 208,0 ist also eine überaus befriedigende.

War auf diese Weise ein direkter experimenteller Beweis dafür geliefert, daß die Atomgewichte von Isotopen erheblich voneinander abweichen können, so ergaben andererseits eingehende Untersuchungen, daß ihre Übereinstimmung in chemischer Hinsicht eine vollkommene ist. Wir können uns auf Einzelheiten der hierhergehörigen recht zahlreichen Arbeiten nicht einlassen. Nur zwei Resultate wollen wir besonders hervorheben, weil sie im Folgenden von ausschlaggebender Bedeutung sein werden: einmal haben Isotope dieselbe Atomnummer, mithin auch die gleiche Kernladungszahl, und andererseits konnten in ihren Spektren nur bei der Anwendung allerfeinster Methoden außerordentlich geringfügige Unterschiede festgestellt werden.

Bei dieser Sachlage mußte sich natürlich die Frage erheben, ob man Isotope als verschiedene chemische Elemente oder aber nur als verschiedene „Arten" eines und desselben Elements anzusprechen habe. Und es ist leicht verständlich, daß auf diese Frage beide Antworten gegeben wurden, die möglich sind. Denn einmal konnte man folgendermaßen schließen: Die isotopen Elemente haben durchaus die gleichen chemischen Eigenschaften und sind daher als ein und dasselbe Element anzusehen. Andererseits lag aber auch eine zweite Schlußfolgerung nahe: Die isotopen Elemente sind verschiedene Elemente, denn sie besitzen ein deutlich verschiedenes Atomgewicht. Die erstgenannte Ansicht wurde von Fritz Paneth, die andere von Fajans vertreten. Und dementsprechend fällt auch bei beiden Forschern die Beantwortung der Frage, die unser Kapitel als Überschrift trägt, durchaus verschieden aus. Paneth gibt zunächst die folgende Erklärung:

Ein chemisches Element ist ein Stoff, der durch kein chemisches Verfahren in einfachere Stoffe zerlegt werden kann. Stoffe, die dieser Definition genügen, gelten dann als ein und dasselbe Element, wenn sie, einmal miteinander gemischt, durch kein chemisches Verfahren wieder getrennt werden können (eine exaktere Definition folgt später).

Mit dieser Erklärung ist ausgesprochen, daß Isotope als ein und dasselbe chemische Element anzusehen sind, denn sie zeichnen sich ja gerade durch ihre Untrennbarkeit auf chemischem Wege aus. Im Gegensatz dazu gibt Fajans für das Element die folgende Begriffsbestimmung:

Ein chemisches Element ist ein Stoff, der durch kein Mittel in einfachere Bestandteile zerlegt und nicht als Gemisch anderer Stoffe erkannt worden ist.

Gemäß dieser Erklärung sind Isotope als verschiedene Elemente anzusehen. Denn wenn auch nicht durch chemische Methoden, so müßte es doch theoretisch möglich sein, sie infolge ihres verschiedenen Atomgewichts auf physikalischem Wege voneinander zu trennen. Wir werden später sehen, daß eine solche Trennung von Isotopen tatsächlich durchgeführt werden kann.

Um nun zu einer Entscheidung zwischen den beiden einander gegenüberstehenden Auffassungen über die Natur eines chemischen Elements gelangen zu können, wird es zweckmäßig sein, an die Ergebnisse zu erinnern, zu denen die physikalische Forschung auf Grund des Rutherfordschen Atommodells gelangt ist, und von denen wir in den früheren Abschnitten schon manches mitgeteilt haben. Durch die Untersuchungen Kossels über die Natur der Valenzkräfte wurde in überzeugender Weise klargestellt, daß die chemischen Eigenschaften der Elemente durch die Form des Elektronenaufbaus ihrer Atome bestimmt werden. Man kann sie daher zweckmäßig mit kurzem Wort als „Elektroneneigenschaften" bezeichnen. Im Gegensatz dazu stehen die radioaktiven sowie alle diejenigen Eigenschaften, die mit der Masse der Atome zusammenhängen. Sie sind als Eigenschaften des positiven Atomkerns anzusehen und demnach kurz als „Kerneigenschaften" zu bezeichnen. Im Atomkern haben wir den Sitz der Energiequellen zu suchen, aus denen die ungeheure Energie der radioaktiven Strahlungen stammt. „Sie legen Zeugnis davon ab, welche gewaltigen Kräfte im Innern der Atome tätig sind. Diese Welt des Atominnern ist von der Außenwelt im allgemeinen abgeschlossen; sie wird nicht beeinflußt durch die Temperatur- und Druckbedingungen, die im Äußeren herrschen; sie wird regiert durch das Gesetz der Wahrscheinlichkeit, des freiwilligen, durch nichts zu beeinflussenden Zerfalls. Nur ausnahmsweise öffnet sich eine Tür, die aus der Innenwelt des Atoms in die Außenwelt führt; die hierbei austretenden α- und β-Strahlen sind Sendboten aus einer uns sonst verschlossenen Welt."

In diesen wenigen Worten Sommerfelds liegt eine anschauliche Schilderung der Vorstellungen, welche wir uns auf Grund der Rutherfordschen Atomtheorie von dem Zustandekommen der radioaktiven Erscheinungen zu bilden haben. Den Atomkernen muß demnach ein besonderer Aufbau zukommen, über dessen Einzelheiten wir heute noch nichts Näheres anzugeben vermögen. Nur soviel ist sicher, daß sich α- und β-Teilchen an ihm beteiligen, daß also neben den Elementarquanten der positiven Elektrizität auch negative Elektronen im Kern vorhanden sein müssen. Die sogenannte Kernladungszahl erscheint somit als der Überschuß der Gesamtladung aller positiven Elementarquanten über die gesamte negative Ladung der im Kern vorhandenen Elektronen. Und da nun die Masse eines Atoms in erster Linie, wie wir gesehen haben, durch die Zahl seiner positiven Elementarquanten bestimmt wird, so erscheint es ohne weiteres verständlich, daß Atome von der gleichen Kernladungszahl dennoch ein verschiedenes Atomgewicht besitzen können. Die Kernladungszahl wird eben nur durch die Zahl derjenigen positiven Elementarquanten bestimmt, deren Ladungen im Innern des Kerns durch keine negativen Elektronen aufgehoben werden. Das Atomgewicht dagegen richtet sich natürlich nach der vollständigen Zahl aller im Kern vorhandenen positiven Elementarquanten.

In der besten Übereinstimmung mit dieser Kerntheorie der Radioaktivität stehen die von Soddy und Fajans gefundenen Verschiebungssätze. Sobald nämlich ein α-Teilchen, das ja eine zweifach positive Ladung trägt, den Atomkern verläßt, muß die Kernladungszahl um zwei Einheiten vermindert erscheinen, mithin ein Element sich bilden, das im periodischen System um zwei Stellen gegenüber dem ursprünglichen Element zurückgeschoben liegt. Durch die Abtrennung eines β-Teilchens, das heißt eines negativen Elektrons, aus dem Kern erhöht sich dagegen die Kernladungszahl um 1; von der Gesamtzahl der positiven Elementarquanten wird eines weniger durch die Wirkung eines negativen Elektrons aufgehoben, und damit entsteht ein Atom mit einer um 1 erhöhten Kernladungszahl. Das zugehörige Element wird daher gegenüber dem ursprünglichen Element um einen Platz nach rechts im periodischen System verschoben.

Unter Berücksichtigung aller dieser Tatsachen wird man kaum umhin können, der von Paneth vertretenen Auffassung den Vorzug zu geben. Dann erhalten die chemischen Eigenschaften den ausschlaggebenden Einfluß, also die Elektroneneigenschaften im Bilde des Rutherfordschen Modells. Die Gruppierung der äußeren Elektronen richtet sich aber, wie wir wissen, einzig und allein nach der Kernladungszahl des Atoms, und damit paßt es vortrefflich zusammen, daß bei den Isotopen tatsächlich die Kernladungszahl die gleiche ist. Infolgedessen lautet die von Paneth vorgeschlagene exaktere Begriffsbestimmung des chemischen Elementes am zweckmäßigsten folgendermaßen:

Ein chemisches Element ist ein Stoff, dessen sämtliche Atome die gleiche Kernladungszahl haben. Unter einem „Rein-Element" wäre ein Element zu verstehen, das nur aus einer Art von Atomen besteht, während solche Elemente, die mehrere Arten von Atomen gleicher Kernladungszahl enthalten, als „Misch-Elemente" bezeichnet werden können.

Die bisher von uns besprochenen Fälle von Isotopie waren sämtlich im Gebiete der radioaktiven Elemente aufgefunden worden. Es lag nahe, auch bei den gewöhnlichen, nichtradioaktiven Elementen die Frage nach ihrer „Reinheit" zu stellen, nachzusehen, ob es nicht auch unter ihnen Mischelemente gibt, die aus mehreren Isotopen sich zusammensetzen. Zu derartigen Versuchen mußte insbesondere die

Tatsache ermuntern, daß es eine ganze Reihe von Elementen gibt, deren Atomgewichte mit großer Genauigkeit ganzzahlig sind, während die größere Mehrzahl von ihnen Atomgewichte aufweist, die von der Ganzzahligkeit in mehr oder minder hohem Maße abweichen. Man konnte daher die Vermutung aussprechen, daß vielleicht die von Prout geäußerte Hypothese im Grunde zutreffend sei. Jene Abweichungen von der Ganzzahligkeit würden dann dadurch verursacht, daß die betreffenden Elemente keine Reinelemente wären, sondern Mischelemente aus solchen Isotopen, deren Atomgewichte durchaus ganzzahlig sind.

In der Tat wurden in letzter Zeit mehrfach Versuche dieser Art gemacht, und in einer großen Reihe von Fällen haben sie zu den überraschendsten Resultaten geführt. Es gelangten dabei mehrere Methoden in Anwendung, die sich sämtlich auf die Tatsache gründen, daß wegen des verschiedenen Atomgewichts von Isotopen bestimmte physikalische Eigenschaften derselben hinreichend verschieden sein müssen, um eine Trennung zu ermöglichen. Einen ersten Erfolg in dieser Richtung erzielte schon im Jahre 1913 der englische Physiker J. J. Thomson, und zwar mit Hilfe einer elektro-magnetischen Analyse der Kanalstrahlen. Darunter ist Folgendes zu verstehen. Wie wir aus unseren früheren Darlegungen wissen, sind die Kanalstrahlen positiv elektrisch geladene Atome desjenigen Gases, das sich in der Entladungsröhre befindet. Infolge ihrer elektrischen Ladung werden diese Teilchen durch die Einwirkung elektrischer und magnetischer Kräfte aus ihrer geradlinigen Fortpflanzungsrichtung abgelenkt, und eine theoretische Untersuchung läßt erkennen, daß das Maß der Ablenkung von der Masse der einzelnen Kanalstrahlenteilchen abhängig ist. Indem man daher den Grad der Ablenkung unter Innehaltung gewisser Vorsichtsmaßregeln bestimmt, kann man auf diese Weise eine sehr genaue Atomgewichtsbestimmung ermöglichen. Bei seinen

Versuchen mit dem Edelgas Neon fand nun Thomson, daß in ihm neben den Atomen vom normalen Atomgewicht 20 — wenn auch in bedeutend geringerer Anzahl — solche vom Atomgewicht 22 vorkommen. Alle chemischen Methoden versagten jedoch, dieses „Meta-Neon" von dem gewöhnlichen Neon abzutrennen, und so blieb nichts anderes übrig, als das gewöhnliche Neon als ein Mischelement anzusehen, das aus den zwei Isotopen Neon und Meta-Neon gebildet wird.

Tabelle IX

Element	Symbol	Bisher angenommene Atomgewichte	Wirkliche Atomgewichte
Argon	Ar	39,88	40 u. wahrscheinlich 36
Arsen	As	74,96	75
Bor	B	11,00	10 und 11
Brom	Br	79,92	79 und 81
Kohlenstoff	C	12,005	12
Chlor	Cl	35,46	35; 37 u. vielleicht 39
Fluor	F	19,0	19
Wasserstoff	H	1,008	1,008
Helium	He	4,00	4
Quecksilber	Hg	200,6	197; 200; 202; 204 u. a.
Krypton	Kr	82,92	78; 80; 82; 83; 84 u. 86
Stickstoff	N	14,01	14
Neon	Ne	20,2	20; 22 u. vielleicht 21
Sauerstoff	O	16,00	16
Phosphor	P	31,04	31
Schwefel	S	32,06	32 u. vielleicht andere
Silicium	Si	28,3	28; 29 u. vielleicht 30
Xenon	X	130,2	128; 130; 131; 133 u. 135.

Im Jahre 1918 führten sodann O. Stern und M. Volmer durch besonders sorgfältige Diffusionsversuche den Nachweis, daß Wasserstoff und Sauerstoff keine Isotopengemische sind. Dagegen gelang es in allerjüngster Zeit dem Engländer F. W. Aston, einem Schüler J. J. Thomsons, die Untersuchungsmethode Thomsons wesentlich zu verfeinern und dabei eine ganze Reihe bisher als Reinelemente angesehener nichtradioaktiver Elemente als Isotopengemische zu erkennen. Auch auf die Einzelheiten der Astonschen Versuche können wir uns hier nicht einlassen, da zu ihrem Verständnis eine zu große Menge physikalischer Vorkenntnisse erforderlich ist. Wir begnügen uns damit, die bisherigen Resultate in unserer Tabelle IX übersichtlich zusammenzustellen. Auffallend ist dabei, daß alle von Aston festgestellten Atomgewichte, vom Wasserstoff abgesehen, innerhalb der Genauigkeit seiner Methode ganze Zahlen sind, und so steht zu erwarten, daß die Fortführung dieser Arbeiten noch bei allen denjenigen Elementen die Erscheinung der Isotopie aufdecken wird, bei denen sich die Atomgewichte um mehr als unwesentliche Beträge von der Ganzzahligkeit unterscheiden.

Im Hinblick auf diese jüngsten Ergebnisse der physikalischen Forschung dürfte es nun kaum zu umgehen sein, die von Paneth gegebene Begriffsbestimmung des chemischen Elements als zweckmäßig anzusehen. Denn kein Chemiker wird sich wohl dazu entschließen können, beispielsweise seine Elemente Chlor, Brom, Bor und andere für zusammengesetzte Stoffe zu erklären, bloß deshalb, weil man durch ein ganz verzwicktes Verfahren in der Lage ist, ihre Atome in verschiedene Gruppen zu sondern, deren Gewichte gewisse Unterschiede untereinander aufweisen. Vielmehr wird er nach wie vor jene Stoffe als Elemente bezeichnen, indem ihm beispielsweise das Chlor als Träger ganz bestimmter chemischer Eigenschaften vor Augen steht, durch welche es sich von allen übrigen Elementen jederzeit leicht und sicher unterscheiden läßt.

In einer anderen Hinsicht aber erfordern die neuesten Errungenschaften der physikalischen Experimentierkunst eine wesentliche Umgestaltung der früheren Anschauungen: das Atomgewicht eines chemischen Elementes darf nicht mehr als konstanter, stets und ständig gleich groß erscheinender Wert aufgefaßt werden. Wohl oder übel muß man vielmehr, um jüngst von Paneth gebrauchte Worte an dieser Stelle zu wiederholen, „endlich den Mut haben, den Satz von Dalton — Anzahl der Elemente gleich Anzahl der Atomarten — aufzugeben". Nur dann lassen sich die alten chemischen Elemente in ihrer Zahl und in ihrer Bedeutung bewahren.

Aus der Chemie des Billionstel Milligramms

Einen außerordentlich merkwürdigen Fortschritt hat die chemische Forschung im Jahre 1918 zu verzeichnen gehabt. Märchenhaft will's zwar scheinen, ist aber dennoch unantastbare Wahrheit: es gelang die Auffindung einer neuen chemischen Verbindung, der sich nur in Mengen von höchstens einem Billionstel Milligramm gewinnen ließ. Und zwar hängt das folgendermaßen zusammen.

Seit längerer Zeit schon hatte man versucht, das Wismut mit dem Wasserstoff zu einer chemischen Verbindung zu vereinigen. Die Annahme, daß es einen Wismutwasserstoff wirklich gibt, wurde dadurch nahegelegt, daß das Wismut im periodischen System der chemischen Elemente zu einer Gruppe gehört, deren übrigen Gliedern — Stickstoff, Phosphor, Arsen und Antimon — ausnahmslos die Fähigkeit zukommt, eine gasförmige Wasserstoffverbindung zu bilden. Bis in die neueste Zeit hinein waren jedoch alle, teils recht umfangreichen Bemühungen fehlgeschlagen, auch das Wismut zu einer Verbindung mit dem Wasserstoff zu bringen, und in fast allen Lehrbüchern der Chemie konnte man daher lesen, daß das Wismut nicht fähig ist, sich mit Wasserstoff zu vereinigen.

Trotz der zahlreichen Mißerfolge sah sich aber Fritz Paneth veranlaßt, die Darstellung des Wismutwasserstoffs noch einmal in Angriff zu nehmen. Denn da gewisse Überlegungen chemischer Art, auf die wir uns im einzelnen hier nicht einzulassen brauchen, für die Möglichkeit sprachen, daß jene Verbindung tatsächlich existiert, so konnten für das Scheitern jener früheren Versuche lediglich zwei Gründe verantwortlich gemacht werden. Entweder müßte der Wismutwasserstoff ein außerordentlich unbeständiger Körper sein, der schon ganz kurze Zeit nach seiner Bildung wieder in seine beiden Bestandteile zerfällt und der sich dadurch im allgemeinen der Beobachtung entzieht. Oder aber er müßte sich nur in derartig geringen Mengen bilden, daß er für gewöhnlich unbemerkt bleibt. Paneth neigte insbesondere dieser letzten Ansicht zu, und er arbeitete daher eine Methode aus, welche die Ermittelung überaus winziger Mengen gestattet.

Der Grundgedanke dieser Methode sei hier mit den eigenen Worten Paneths wiedergegeben. „Wir kennen heute bekanntlich außer dem gewöhnlichen Wismut vier radioaktive Wismutarten, das Radium C, das Thorium C, das Actinium C und das Radium E. Nun sind wir auf Grund zahlreicher experimenteller Untersuchungen zu der Annahme berechtigt, daß die chemischen Eigenschaften von Isotopen mit einer weit höheren Genauigkeit, als sie bei den meisten chemischen Versuchen erreicht werden kann, untereinander übereinstimmen, und wir können daher zum Studium der chemischen Eigenschaften eines Elementes je nach Zweckmäßigkeit einmal die eine und einmal die andere Art dieses Elements heranziehen. Gewöhnlich geht man in der Weise vor, daß man aus dem in wägbarer Menge vorhandenen gewöhnlichen Isotop Schlüsse zieht auf das chemische Verhalten des radioaktiven Elements unter Verhältnissen, die nicht oder nur schwer einer experimentellen Untersuchung zugänglich sind. Ich habe hier den umgekehrten Weg eingeschlagen; ich habe versucht, unsere chemischen Kenntnisse über das Wismut durch das Studium der Eigenschaften seiner radioaktiven Isotope zu erweitern und zunächst einmal mit diesen unwägbar geringen Mengen eine Bildung von Wismutwasserstoff zu versuchen. Gelang sie, so war die Existenzfähigkeit der Verbindung erwiesen, und ihre Darstellung in wägbaren Mengen konnte nur mehr ähnliche Schwierigkeiten bieten, wie etwa die Einführung eines im Laboratorium bereits ausprobierten Verfahrens in den Großbetrieb. Eine solche Problemstellung erschien in der Frage des Wismutwasserstoffs deshalb aussichtsreich, weil die Ausbeute, in der man ihn bei den ersten Versuchen zu erhalten hoffen durfte, jedenfalls nur einen kleinen Bruchteil der angewendeten Wismutmenge betragen konnte, und weil gerade die radioaktiven Meßinstrumente uns gestatten, durch geeignete Abstufungen in der Empfindlichkeit den Bereich der bestimmbaren Mengen außerordentlich groß zu halten."

Der Plan Paneths ist in der Tat durchaus geglückt. Nicht nur gelang zunächst die Darstellung des Wismutwasserstoffs aus einem radioaktiven Isotop, auf die wir sogleich noch näher zu sprechen kommen, sondern auch aus gewöhnlichem, nicht-radioaktivem Wismut konnten dann später auf rein chemischem Wege gut wägbare Mengen des neu entdeckten Stoffes gewonnen werden.

Weitaus die meisten seiner Versuche hat Paneth mit dem Thorium C ausgeführt, und zwar namentlich deshalb, weil man dieses Element, wie ein Blick auf unsere Tabelle II sogleich erkennen läßt, durch seine Halbwertszeit von rund einer Stunde bequem von seinen Nachbarelementen in der Thoriumreihe unterscheiden kann. Um es in einer für die geplanten Versuche zweckmäßigen Form zu erhalten, wurde das folgende Verfahren eingeschlagen. Auf dem Boden einer größeren uhrglasförmigen Schale wurde eine möglichst dünne Schicht von Magnesiumpulver gleichmäßig ausgebreitet. In der Mitte der Schale stand ein zweites, wesentlich kleineres Schälchen, in dem sich ein starkes Mesothoriumpräparat befand. Dieses gibt ständig Thoriumemanation ab, deren „aktiver Niederschlag" sich zum Teil an dem Magnesiumpulver absetzt. Dabei entsteht zunächst Thorium A, durch dessen sehr rasch erfolgenden weiteren Zerfall sich Thorium B und Thorium C bilden. Nach einiger Zeit enthält das Magnesium eine genügende Menge Thorium C, und der eigentliche Versuch kann seinen Anfang nehmen.

Zu diesem Zwecke wird das in der beschriebenen Weise

präparierte Magnesiumpulver in ein abgeschlossenes Glasgefäß gebracht, in das drei Zuleitungen einmünden. Durch die eine von ihnen wird ein langsamer Strom reinsten Stickstoffgases eingeblasen, der durch ein zweites Glasrohr wieder austritt und dann in einen geeignet konstruierten Kondensator gelangt. Dieser Kondensator besitzt einen ähnlichen Bau wie derjenige, der in unserer Figur 3 gezeichnet wurde. Er enthält jedoch nur die eine Platte Q, die mit dem Elektrometer in Verbindung steht; außerdem sind in seine Außenwand zwei kurze metallene Ansatzröhren eingelassen, welche mit Hilfe von Hähnen verschlossen werden können und die zum Ein- und Austretenlassen des Stickstoffstroms dienen. Die dritte Zuleitung, die sich in dem Versuchsgefäß befindet, gestattet die tropfenweise Zuführung von Salzsäure in das Gefäß. Ist zu Beginn des Versuchs noch keine Säure auf das Magnesiumpulver geträufelt, und läßt man den Stickstoffstrom durchfließen, so erweist sich dieser natürlich im Elektrometer als nicht radioaktiv. Denn das Thorium B und das Thorium C sitzen ja als feste Körper an dem Magnesiumpulver fest, und ihr Hineingelangen in den Kondensator durch den Stickstoffstrom ist ausgeschlossen, wie zur Sicherheit durch besondere Versuche festgestellt wurde. Es kommt also nur diejenige schwache Leitfähigkeit zur Messung, die den Gasen im normalen Zustand eigen ist. Läßt man nun durch das betreffende Zuleitungsrohr Salzsäure zu dem Inhalt des Gefäßes fließen, so wird diese durch das Magnesium zersetzt. Dabei bildet sich salzsaures Magnesium, und außerdem wird Wasserstoff in Freiheit gesetzt. Dieser mengt sich dem durchströmenden Stickstoff bei und gelangt auf diese Weise ebenfalls in den Kondensator. Auch er erweist sich natürlich, solange zu dem Versuch reines, nicht „aktiviertes" Magnesiumpulver benutzt wird, vollständig nicht-radioaktiv. Sind dagegen Thorium B und Thorium C zugegen, so tritt schon wenige Augenblicke nach Beginn der Säureeinwirkung im

Elektrometer eine deutliche Radioaktivität in Erscheinung. Ein längeres Einleiten des Stickstoffstroms vermag sie nicht mehr wesentlich zu steigern, und schon nach wenigen Minuten beginnt sie bereits merklich schwächer zu werden. Um die Natur des Trägers dieser Radioaktivität zu bestimmen, wurde die Gaszuleitung zum Kondensator gesperrt, und in Abständen von ungefähr 10 Minuten wiederholte Messungen ihrer Stärke vorgenommen. Durch eine große Anzahl solcher Versuche wurde mit Sicherheit festgestellt, daß die in Frage kommende Radioaktivität genau mit der Halbwertszeit des Thorium C = 60,8 Minuten abfällt. Die Genauigkeit des Meßverfahrens belief sich dabei auf ungefähr 1%.

Die Erklärung für diese Tatsache ist nur auf folgende Weise möglich. In dem Reaktionsgefäß hat eine Verbindung des frisch entstehenden Wasserstoffs mit dem Thorium C zu Wismutwasserstoff stattgefunden. Diese Verbindung ist gasförmig und wandert daher mit dem Stickstoffstrom in den Kondensator hinein, wo sie ihre Anwesenheit durch die charakteristischen radioaktiven Eigenschaften des Thorium C verrät. Denn ihr Wismutgehalt bedeutet ja nichts anderes als einen Gehalt an Thorium C, und die Radioaktivität dieses Elements bleibt auch dann bestehen, wenn es eine beliebige chemische Verbindung eingeht.

Weitere, eingehende Versuche haben diese Deutung auf das beste bestätigt. Es besteht kein Zweifel mehr, daß die Darstellung des langgesuchten Wismutwasserstoffs glänzend gelungen ist. Was aber als das merkwürdigste bei der ganzen Geschichte erscheinen muß, sind die Mengenverhältnisse, mit denen bei der Entdeckung des neuen Stoffs gearbeitet wurde. Ausgegangen wurde von einem Billionstel Gramm Wismut, das sich in Form von Thorium C auf dem Magnesiumpulver niedergeschlagen befand. Diese Menge läßt sich durch einfache radioaktive Messungen mit genügender Sicherheit bestimmen. Wohlgemerkt: ein Billionstel Gramm ist der millionste Teil eines Millionstel Gramms! Zahlen also, denen gegenüber unser Vorstellungsvermögen uns schmählich im Stiche läßt. Als aber Paneth der Frage auf den Grund ging, wieviel denn von dieser Thorium C-Menge in Form von Wismutwasserstoff in den Kondensator hinübertransportiert wird, fand er, daß diese Menge in der Regel nicht mehr als den tausendsten Teil beträgt. Den tausendsten Teil eines Gramms pflegt man bekanntlich als ein Milligramm zu bezeichnen, und so ergibt sich das zunächst wirklich unglaublich klingende Resultat, daß durch den eben beschriebenen Versuch eine neue chemische Verbindung entdeckt wurde, von der nur der billionste Teil eines einzigen Milligramms dargestellt werden konnte!

In der Einleitung dieses Kapitels hatten wir erwähnt, daß die früheren Mißerfolge bei der Darstellung des Wismutwasserstoffs unter Umständen dadurch hätten eine Erklärung finden können, daß es sich bei dieser Verbindung um einen hochgradig unbeständigen Körper handelt. Es erschien daher von Interesse, nach der tatsächlichen Auffindung des Wismutwasserstoffs in der eben beschriebenen Weise seine Beständigkeit einer besonderen Untersuchung zu unterziehen. Schon die ersten Versuche wiesen darauf hin, daß die Unbeständigkeit des Wismutwasserstoffs keineswegs übermäßig groß sein kann. Denn für die Größe der erhaltenen Ausbeute blieb es sich durchaus gleichgültig, ob der Wismutwasserstoff vom Entwicklungsgefäß zu dem Kondensator einen kürzeren oder längeren Weg geführt wurde. Die Lebensdauer des Wismutwasserstoffs kann daher jedenfalls nicht nach Sekunden zählen. Um eine genauere Schätzung seiner Beständigkeit bei Zimmertemperatur zu ermöglichen, wurde der Wismutwasserstoff nach seiner Entstehung nicht unmittelbar in den Kondensator geleitet, sondern zunächst in ein geeignetes Gefäß übergeführt, das nach Füllung verschlossen und beliebige Zeit ungestört beiseite gestellt werden konnte. Wurde dann nach etwa fünf Minuten die Verbindung dieses Gefäßes mit dem Kondensator hergestellt, so war höchstens eine ganz geringe Abnahme des Wismutwasserstoffgehalts zu bemerken, und erst dann, wenn man 50 Minuten bis zur Messung wartete, machte sich der erhebliche Verlust von etwa $^4/_5$ des ursprünglichen Bestandes bemerkbar. Da jedoch das für diese Zwecke benutzte Begleitgas nicht ganz frei von Sauerstoff war, ist es recht wahrscheinlich, daß die Zersetzungsgeschwindigkeit des Wismutwasserstoffs in reinstem, völlig trocknen Stickstoff- oder Wasserstoffgas noch wesentlich geringer ist. So viel aber kann mit Sicherheit aus diesen Versuchen geschlossen werden, daß der Wismutwasserstoff nicht sehr viel unbeständiger als der gut bekannte Antimonwasserstoff ist, und daß er sich bei Zimmertemperatur einige Zeit unzersetzt aufbewahren läßt.

Anders liegen aber die Verhältnisse bei höheren Temperaturen. Um ihren Einfluß auf die Zersetzung des Wismutwasserstoffs zu untersuchen, wurde zwischen das Entwicklungsgefäß und den Kondensator ein U-förmig gebogenes Rohr aus widerstandsfähigem Hartglas eingeschaltet, das durch eine passende Vorrichtung gleichmäßig erwärmt werden konnte. Nimmt man die bei Zimmertemperatur im Kondensator ermittelte Menge als Normalwert an, so fand sich, daß bei 160° 35%, bei 250° 9% und bei 350° 6—7% unzersetzt bleiben. Daraus ergibt sich, daß der Wismutwasserstoff gegen höhere Temperaturen außerordentlich empfindlich ist. Wurde das Rohr zum Glühen erhitzt, so konnte die vollständige Zersetzung des Wismutwasserstoffs erzielt werden.

Jedem, der sich schon einmal mit den Anfangsgründen der analytischen Chemie beschäftigt hat, ist ein eigentümliches Verfahren bekannt, durch welches man das Arsen oder das Antimon in außerordentlich geringen Mengen zum Nachweis bringen kann. Es ist das die sogenannte Marshsche

Probe, die folgendermaßen ausgeführt wird. In einem kleinen Glaskölbchen wird chemisch reines Zink mit reiner verdünnter Schwefelsäure übergossen. Es setzt sofort eine heftige Wasserstoffentwicklung ein. Man verschließt das Kölbchen mit einem luftdichten Stopfen, der eine zweifache Durchbohrung trägt. Durch die eine führt ein kurzes, an seinem außen stehenden Ende zu einer feinen Spitze ausgezogenes Glasröhrchen, während die andere Durchbohrung ein durch einen Glashahn verschließbares Trichterrohr enthält. Zündet man den aus der Spitze ausströmenden Wasserstoff an, so verbrennt er mit kleiner, durch den Natriumgehalt des Glases schwach gelb gefärbter Flamme. Sobald man aber durch das Trichterrohr eine mit Spuren von Arsen versetzte Flüssigkeit in das Entwicklungsgefäß einträufeln läßt, nimmt die Wasserstofflamme eine bläuliche Färbung an. Hält man dann einen kalten Porzellanscherben in die Flamme hinein, so beschlägt dieser sogleich mit einer braunen, mehr oder weniger glänzenden Schicht von reinem Arsen, die man als Arsenspiegel zu bezeichnen pflegt. Die Erklärung dieses Versuchs ist leicht gegeben. Unter dem Einfluß des sich frisch entwickelnden Wasserstoffs bildet sich der gasförmige Arsenwasserstoff, der mit dem übrigen Wasserstoffgas aus der Spitze ausströmt und in der hohen Temperatur der Flamme eine Zersetzung zu Arsen und Wasserstoff erleidet. Das auf diese Weise freigewordene Arsen setzt sich an den kalten Stellen des Porzellanscherbens ab, und gibt sich dann je nach seiner Menge in einem mehr oder weniger deutlich ausgeprägten Arsenspiegel zu erkennen.

Paneth untersuchte nun, ob auch der Wismutwasserstoff imstande sei, durch seine Zersetzung einen „Wismutspiegel" zu liefern. Da ja Wismut mit dem Arsen und dem Antimon in dieselbe Gruppe des periodischen Systems gehört, war zu erwarten, daß auch ihm diese Eigenschaft zukommt. Ein entsprechender Versuch hat diese Vermutung tatsächlich bestätigt. Selbstverständlich kann der Wismutspiegel nicht mit dem Auge erkannt werden, denn es handelt sich hierbei ja immer nur um Mengen von der Größenordnung eines Billionstel Milligramms. Aber auch hier wieder zeigt das Elektrometer seine überaus große Überlegenheit allen sonstigen Hilfsmitteln gegenüber. Wurde nämlich der Wismutwasserstoff durch eine längere Glasröhre geleitet, die in der Mitte durch einen darunter gestellten Bunsenbrenner stark erhitzt wurde, und wurde dann hinterher das Glasrohr in kleine Stückchen von ca. 1 cm Länge zerschnitten und jedes dieser Stückchen für sich am Elektrometer auf seine Radioaktivität hin geprüft, so fand man, daß die Röhre bereits etwa 4 cm vor der Mitte der darunter gestellten Flamme radioaktiv zu werden beginnt. In der Entfernung von 3 cm vor der Flamme erreicht die Radioaktivität des Glasrohres ihren höchsten Wert. In der Mittelstelle der Erhitzung sinkt sie zu Null herab. In etwa 1 $^1/_2$ cm Entfernung hinter der Erhitzungsquelle erreicht sie sodann abermals einen höchsten, freilich geringeren Wert als an der vor der Flamme gelegenen kräftigsten Stelle, und 3 cm hinter der erhitzten Stelle verschwindet sie vollständig. „Hätten wir es nicht mit unwägbar geringen Mengen zu tun, so müßte sich die Erscheinung also so darstellen, daß bei kräftigem Glühen des Rohres vor der Flamme ein starker und hinter ihr ein schwacher Wismutspiegel sich absetzt."

Aber auch mit diesem Ergebnis sind die Forschungen Paneths noch nicht beendet. Das Wunderbarste kommt eigentlich noch. Denn es gelang sogar die Verflüssigung des Wismutwasserstoffs und eine ungefähre Bestimmung der Temperatur, bei welcher diese Verflüssigung eintritt! Die Untersuchungsmethode war auch hierbei im Grunde eine außerordentlich einfache. Wiederum wurde der Wismutwasserstoff nach seiner Entstehung durch ein U-förmiges Glasrohr hindurch in den Kondensator hineingetrieben.

Nur wurde für diesen Versuch nicht Thorium C, sondern Radium C als radioaktive Wismutart benutzt. Der große Radiumbesitz des Wiener Instituts für Radiumforschung gestattete die Gewinnung einer Menge von Radium C, welche diejenige des bei den zuvor beschriebenen Versuchen benutzten Thorium C um mehr als das Hundertfache übertraf. Das U-Rohr wurde in flüssige Luft getaucht und dadurch auf etwa — 180° abgekühlt. Dabei zeigte sich, daß dann in das Elektroskop weniger als 1 % des entwickelten Wismutwasserstoffs gelangt, zum Zeichen dafür, daß er in dem abgekühlten U-Rohr tatsächlich verflüssigt und dadurch am weiteren Fortschreiten zum Kondensator verhindert wurde. Wurde die Abkühlung wieder aufgehoben, so daß eine Wiedervergasung des flüssigen Wismutwasserstoffs einsetzen mußte, so fand sich im Elektrometer nur ein geringer Bruchteil der ursprünglichen Menge ein. Daraus folgt, daß die in äußerst feiner Verteilung der Glaswand des Kühlrohres anliegende flüssige Wismutwasserstoffschicht chemische Zersetzungen erleidet, und daher bei der Wiedererwärmung nur ein geringer Bruchteil in Gasform sich wiedergewinnen läßt.

Ermutigt durch die schönen Erfolge bei den im Vorstehenden beschriebenen Versuchen, machte sich nun Paneth sehr bald daran, die benutzte Methode auch auf andere Fälle auszudehnen. Und zwar legte er sich zunächst die Frage vor, ob auch das Polonium imstande sei, eine Wasserstoffverbindung zu bilden. Polonium gehört nämlich zusammen mit dem Sauerstoff, dem Schwefel, dem Selen und dem Tellur in die gleiche Gruppe des periodischen Systems, und da von den genannten Elementen sämtlich die Wasserstoffverbindungen bekannt sind, so lag die Vermutung nahe, daß auch das Polonium fähig ist, einen Poloniumwasserstoff zu bilden. Das beste Verfahren zur Gewinnung des Poloniumwasserstoffs ist dem für den Wismutwasserstoff angewendeten sehr ähnlich. Nur mußte hier das Polonium auf Magnesium durch einen elektrolytischen Vorgang niedergeschlagen werden. Zu diesem Zweck wurde ein gut gereinigter Streifen von Magnesiumblech in die wässerige Lösung einer Poloniumverbindung hineingehängt und bei der Durchleitung eines elektrischen Stroms als negative Elektrode, also als Kathode, benutzt. Dadurch schlägt sich Polonium auf dem Magnesium nieder, und es läßt sich berechnen, daß die von Paneth zu seinen Versuchen benutzten Poloniummengen ungefähr den hundertsten Teil eines Millionstel Gramms bilden. Die erhaltenen Resultate beschreibt Paneth mit den folgenden Worten: „Wird ein so präpariertes Magnesiumblech in dem oben beim Wismutwasserstoff beschriebenen Apparat durch verdünnte Säure zersetzt, und ein Gasstrom darüber hin ins Elektrometer geleitet, so tritt darin eine Aktivität auf, die im Laufe eines Tages keinen Abfall erkennen läßt, also jedenfalls vom Polonium herrührt. Einschalten beliebig dichter Filter ändert nichts an dem Effekt, und wir kommen also unter Anwendung der beim Wismutwasserstoff auseinandergesetzten Schlüsse, die hier nicht wiederholt werden sollen, zum Resultat, daß das Polonium als gasförmiger Poloniumwasserstoff hinübergeführt worden ist. Er scheint in seinem Verhalten dem Wismutwasserstoff sehr ähnlich, und namentlich dürfte er auch nicht weniger beständig sein. So ist bemerkenswert, daß statt eines Wasserstoff- oder Stickstoffstroms auch ein Sauerstoffstrom zum Transport des Gases verwendet werden kann, ohne daß die Ausbeute merklich sinkt. Diese ist bei der bisher verwendeten Methode schlechter als im Fall des Wismutwasserstoffs; es gelang noch nicht, mehr als ein Hundertstel Prozent in den Gaszustand zu überführen. Abkühlung des U-Rohres, durch das der Poloniumwasserstoff streicht, mittels eines geeigneten Kältebades von —84° hat höchstens teilweise Verflüssigung zur Folge, ebenso wie beim Wismutwasserstoff; der Einfluß eines Bades von flüssiger Luft wurde hier noch nicht geprüft, doch ist an seiner Wirkung nicht zu zweifeln."

Dem aufmerksamen Leser wird es aufgefallen sein, daß wir bei der Beschreibung der Panethschen Versuche das Thorium B gänzlich unberücksichtigt ließen, das sich doch zusammen mit dem Thorium C, dem Wismut-Isotop, in dem aktivierten Magnesiumpulver befinden muß. Thorium B ist, wie aus unserer Tabelle VIII hervorgeht, ein Isotop des Bleis, und es liegt daher die Frage nahe, ob sich bei dem geschilderten Verfahren nicht neben dem Wismutwasserstoff auch Bleiwasserstoff bildet, indem etwa das Thorium B sich mit dem Wasserstoff verbindet und als Gas in den Kondensator — zusammen mit dem Wismutwasserstoff — hineingelangt. Wenn das der Fall wäre, so müßte sich im Elektrometer neben dem Thorium C auch noch Thorium B nachweisen lassen. An und für sich bietet das keine Schwierigkeit, denn das Abklingungsgesetz des Thorium B ist infolge seiner anderen Halbwertszeit von dem des Thorium C durchaus verschieden. Aus den beschriebenen Versuchen Paneths war aber zu schließen, daß sich entweder überhaupt kein Bleiwasserstoff bildet, oder aber doch nur in solchen Mengen, welche weniger als den hundertsten Teil der ja an sich schon so geringen Ausbeute an Wismutwasserstoff ausmachen. Um daher eine sichere Entscheidung darüber zu fällen, ob unter den genannten Bedingungen sich wirklich Bleiwasserstoff bildet oder nicht, mußte die Untersuchungsmethode genügend verfeinert werden, damit auch kleinere als die genannten Mengen des Bleiwasserstoffs im Falle ihrer tatsächlichen Bildung nachgewiesen werden konnten.

Zu diesem Zweck wurde die früher benutzte Methode ein wenig abgeändert. Es wurde das im Zersetzungsgefäß erhaltene Gasgemisch nicht mehr direkt in den Kondensator geleitet, sondern man ließ es durch eine längere erhitzte Röhre aus Hartglas streichen. Entsprechende Versuche Paneths hatten ja schon früher ergeben, daß dadurch der Thorium C—Wasserstoff eine vollständige Zersetzung erleidet, und das dabei freiwerdende Thorium C sich in Form unsichtbarer „Spiegel" vor und hinter der erhitzten Stelle des Rohres niederschlägt. Aus mancherlei Gründen gestattet diese Methode genauere Messungen, und sie wurde daher bei der Suche nach dem Bleiwasserstoff in Anwendung gebracht. Das Glasrohr wurde nach Beendigung des Versuches in der früher beschriebenen Weise in kleine Stückchen zerschnitten, und diese dann einzeln im Elektrometer bezüglich ihrer Radioaktivität untersucht. Dabei wurden die folgenden Resultate erhalten: „Vor und hinter der heißen Stelle schied sich dabei, wie die in der oben beschriebenen Weise vorgenommenen Messungen ganz im Einklang mit unseren früheren Ergebnissen zeigten, fast reines Thorium C aus. In den ersten Stunden war keine Abweichung vom reinen „Thorium C-Abfall" zu bemerken. Aber nach dem Sinken der Aktivität auf einige Prozente trat bereits eine nachweisbare Verlangsamung ein, und nach 24 Stunden, wenn das Thorium C praktisch völlig abgeklungen sein müßte, war noch eine mit der beschriebenen Anordnung gut meßbare Aktivität übrig, die nunmehr bis zu ihrem Verschwinden tagelang genau mit der Periode des Thorium B abfiel. Aus den geschilderten Versuchen zogen wir den Schluß, daß bei der Zersetzung einer Blei-Magnesiumlegierung durch verdünnte Salzsäure stets ein sehr kleiner Bruchteil des Bleis in gasförmigen Bleiwasserstoff verwandelt wird."

Diese Schlußfolgerung wurde im Anschluß daran glänzend bestätigt, indem es **Paneth** gemeinsam mit seinem Schüler O. **Nörring** gelang, auf rein chemischem Wege aus gewöhnlichem Blei einen gasförmigen Bleiwasserstoff tatsächlich darzustellen. — So geht die chemische Wissenschaft Entdeckungen machen im Reiche des Billionstel Milligramms!

Wenn Alchimistenträume Wahrheit werden

Mit dem Erwachen der wissenschaftlichen Chemie waren die Träume der mittelalterlichen Alchimisten zu Hirngespinsten geworden. Die Lehre von der Unwandelbarkeit des chemischen Elements — von der Unverletzbarkeit des chemischen Atoms — ward zum unantastbaren Dogma erhoben, und alle Goldbereitung aus Blei oder aus Schwefel und Quecksilber mußte als Ding der Unmöglichkeit erscheinen.

Allein die Sachlage hat sich seither gewaltig geändert. In den radioaktiven Elementen lernten wir Stoffe kennen, die einer dauernden Umwandlung unterliegen; ihre Atome befinden sich in ständigem Zerfall, und der Begriff des chemischen Elements mußte den neuen Verhältnissen angepaßt werden. Die Urstoff-Idee der alten Griechen gelangte zu hohem Ansehen, und die Frage drängt sich auf, ob unsere modernste Chemie nicht auch den Alchimisten mit ihrem Stein der Weisen, mit ihren ewigen Versuchen zur Golderzeugung aus geringem Metall, eine nachsichtigere Beurteilung zuteil werden lassen kann als die Chemie des vergangenen Jahrhunderts.

Zunächst ist jedoch hervorzuheben, daß die rein experimentelle Erkenntnis der Radioaktivität uns der Lösung des Hauptproblems der Alchimie in praktischer Hinsicht um keinen einzigen Schritt näher gebracht hat. Denn der Ablauf der radioaktiven Zerfallsprozesse läßt sich durch keins der uns bisher zur Verfügung stehenden Mittel in irgend einer Art und Weise beeinflussen. Er läßt sich weder beschleunigen oder verzögern, noch läßt er sich bei einem für gewöhnlich nicht-radioaktiven Element künstlich hervorrufen. Falls daher das Gold nicht zufällig als Produkt irgend einer radioaktiven Umwandlung in der Natur auftreten sollte, müßte nach wie vor seine Gewinnung aus anderen Elementen undurchführbar scheinen.

Wesentlich weiter führten die theoretischen Einsichten in das Wesen der Materie, wie sie im Anschluß an die experimentellen Errungenschaften der letzten Jahre gewonnen wurden. Durch das Rutherfordsche Atommodell muß der Glaube an die Möglichkeit einer künstlichen Elementenumwandlung zur Gewißheit werden. Aus einheitlichen Bausteinen sind die Atome sämtlicher Elemente aufgebaut, und wo in der Natur uns zusammengesetzte Gebilde begegnet sind, hat der Mensch bisher fast immer einen Weg gefunden, sie in ihre Grundbestandteile zu zerlegen. Es schien nur eine Frage der Zukunft, daß dieses Ziel auch bezüglich der atomistischen Kernsonnen erreichbar würde. In der Tat hat diese Prophezeiung sich schneller erfüllt, als auch die kühnsten Theoretiker es hätten erwarten können. Im Juni des Jahres 1919 hat Sir Ernest Rutherford die Aufsehen erregende Mitteilung gemacht, daß ihm eine künstliche Zerlegung von Stickstoffatomen gelungen ist. Im folgenden soll in Kürze darüber berichtet werden, wobei wir uns eng an ein diesbezügliches Referat von Fajans anschließen.

Durchdringt die α-Strahlung eines radioaktiven Präparates eine Gasmasse, so werden die einzelnen α-Teilchen hin und wieder mit den Atomen des betreffenden Gases zusammenstoßen. Infolgedessen kann es sich ereignen, daß einige dieser Gasatome direkt in ihrem Atomkern getroffen werden und dadurch in eine Bewegung geraten, die mit um so größerer Geschwindigkeit erfolgen wird, je leichter das gestoßene Atom ist. Von C. G. Darwin wurde berechnet, daß beispielsweise bei Wasserstoffatomen im günstigsten Falle eine Geschwindigkeit auftreten müßte, die um mehr als die Hälfte größer ist als die Geschwindigkeit des anstoßenden α-Teilchens. Sie würden dadurch in den Stand gesetzt, um ein recht beträchtliches Stück fortzufliegen, und wirklich wurden von E. Marsden im Jahre 1914 Beobachtungen gemacht, die mit diesen Ergebnissen bestens übereinstimmen. Die derartig schnell dahinfliegenden Wasserstoffkerne verhalten sich in vieler Hinsicht durchaus ähnlich den α-Teilchen, welch letztere ja zweifach positiv geladene Heliumkerne darstellen, die mit großen Geschwindigkeiten von bestimmten radioaktiven Elementen ausgesandt werden. Neuerdings wurde von Rutherford durch Messungen ihrer magnetischen und elektrischen Ablenkbarkeit der Nachweis erbracht, daß jene „Pseudo-α-Strahlen" wirklich die theoretisch erwartete einfache positive Ladung und die Masse 1 besitzen.

Weiter wurde von E. Marsden und W. C. Lantsberry im Jahre 1915 gezeigt, daß solche stark beschleunigten Wasserstoffkerne auch dann auftreten, wenn man α-Teilchen durch eine sehr dünne Schicht einer Wasserstoffverbindung, beispielsweise Wachs, hindurchtreten läßt. Der Zusammenstoß des heranfliegenden Heliumkerns mit dem Wasserstoffkern ist demnach derartig heftig, daß der Wasserstoffkern selbst aus einem molekularen Verband mit anderen Atomen herausgeschleudert werden kann. „Wie selten übrigens derartige zentrale Zusammenstöße vorkommen, ergibt sich aus der Angabe von Rutherford, daß auf je 100 000 α-Teilchen, von denen jedes auf seinem Wege durch 1 cm Wasserstoffgas mit etwa 10 000 Wasserstoffmolekülen zusammenstößt, nur ein Wasserstoffteilchen von großer Reichweite entsteht."

Im weiteren Verlauf seiner Untersuchungen wurde nun Rutherford zu dem höchst bedeutsamen Ergebnis geführt, daß Wasserstoffkerne der geschilderten Art auch dann auftreten, wenn α-Teilchen eine Schicht reinsten Stickstoffgases durchsetzen. Diese Tatsache läßt keine andere Deutung zu, als daß es gelungen ist, die Atomkerne des Stickstoffs durch das Bombardement mit α-Teilchen aufzuspalten. Daß dabei als Bruchstücke jene Wasserstoffkerne erhalten wurden, ist als ein zwingender Beweis dafür anzusehen, daß der Stickstoffkern einen Aufbau besitzt, an dem sich sicherlich Wasserstoffkerne beteiligen.

Damit ist prinzipiell die Möglichkeit erkannt, kompliziertere Atome willkürlich in einfachere Atome aufzuspalten oder, mit anderen Worten, auf künstlichem Wege ein leichteres chemisches Element aus einem schwereren herzustellen. Das dabei einzuschlagende Verfahren ist eigentlich einfach genug: man zerschießt die Atome des schwereren Elements gerade in der Weise, daß die Atome des gewünschten leichteren Elements zurückbleiben. Und doch liegt naturgemäß gerade hierin die größte Schwierigkeit. Das zielbewußte Schießen im Reiche der Atome müssen wir erst noch lernen. Der Anfang ist gemacht, und die Zukunft wird weitere Erfolge bringen.

So viel aber ist heute schon sicher: die Träume der Alchimisten sind nicht mehr verpönt. Wir dürfen uns ihrem Zauber in der wohlbegründeten Hoffnung hingeben, dermaleinst Wege aufzufinden, die uns mit Sicherheit etwa vom Blei zum reinsten Golde führen werden......

Zusammenstellung der benutzten Fachausdrücke[1])

α-Strahlen: positiv elektrisch geladene Korpuskularstrahlung radioaktiver Substanzen, die in mancher Hinsicht den Kanalstrahlen ähnelt. Ein einzelnes α-Teilchen ist ein Heliumatom, das eine elektrische Ladung von zwei Elementarquanten der positiven Elektrizität besitzt, oder — gemäß der Rutherfordschen Atomtheorie — der positive Kern eines Heliumatoms.

Anode: positive Elektrode.

Atom: kleinstes Teilchen eines chemischen Elements.

β-Strahlen: negativ elektrisch geladene Korpuskularstrahlung radioaktiver Substanzen, die in mancher Hinsicht den Kathodenstrahlen ähnelt. Ein einzelnes β-Teilchen stellt ein negatives Elektron dar.

γ-Strahlen: lichtartige Energiestrahlung, die als Begleiterscheinung der β-Strahlung radioaktiver Substanzen auftritt und in mancher Hinsicht den Röntgenstrahlen ähnelt.

Dissociation, elektrolytische: Zerspaltung chemischer Moleküle in Ionen bei Auflösung der betreffenden Substanz in Wasser.

Elektroden: Zuführungsstellen der Elektrizität, z. B. bei elektrolytischen Vorgängen.

Elektrolyse: Zersetzungserscheinungen beim Durchleiten eines elektrischen Stroms durch wässerige Lösungen gewisser chemischer Verbindungen.

Elektrometer: Instrument zur Messung von Elektrizitätsmengen sowie von Leitfähigkeitsänderungen der Luft.

Elektron: von gewöhnlicher Materie völlig befreites Elementarquantum der negativen Elektrizität.

Element, chemisches: Grundstoff der wissenschaftlichen Chemie, d. h. ein solcher Stoff, der auf chemischem Wege nicht in einfachere Stoffe zerlegt werden kann. Begründet wurde dieser Elementbegriff im Jahre 1661 durch den englischen Physiker und Chemiker Robert Boyle; zur allgemeinen Anerkennung gelangte er jedoch erst durch Lavoisier. Über neuere Definitionen s. Text (Register).

Elementarquantum, elektrisches: kleinstes, unteilbares Teilchen der positiven resp. negativen Elektrizität.

Emanation: gasförmiger radioaktiver Körper.

---

[1]) In dieses Verzeichnis wurden nur die am häufigsten benutzten Fachausdrücke aufgenommen. Bezüglich der übrigen muss auf die im Text gegebenen Erklärungen verwiesen werden, deren Auffindung das Register erleichtert.

Halbwertszeit: diejenige Zeit, während welcher eine beliebige Menge eines bestimmten radioaktiven Elements sich infolge des radioaktiven Zerfalls auf die Hälfte vermindert hat. Jedem einzelnen Radioelement kommt eine besondere Halbwertszeit zu.

Helium: Edelgas, das gelegentlich der Sonnenfinsternis am 18. August 1868 auf spektralanalytischem Wege auf der Sonne entdeckt wurde. Auf der Erde wurde es im Jahre 1895 von Ramsay aufgefunden.

induzierte Radioaktivität: Radioaktivität an sich nichtradioaktiver Gegenstände, die längere Zeit in der Nähe von Radium-, Thorium- oder Aktiniumpräparaten aufbewahrt wurden. Ihre Quelle bilden die radioaktiven Niederschläge, die sich aus den betreffenden Emanationen an jenen Gegenständen als feste Körper absetzen.

Ionen: elektrisch geladene Atome (oder Atomgruppen), wie sie bei der Elektrolyse oder in elektrisch leitenden Gasen auftreten.

Ionisation: Zerspaltung in Ionen.

Isotope: verschiedene Arten desselben chemischen Elements, die sich durch ihr Atomgewicht voneinander unterscheiden.

Kanalstrahlen: positiv elektrisch geladene Korpuskularstrahlung, die unter geeigneten Bedingungen (vgl. S. 39 des Textes) beim Durchgang von hochgespannter Elektrizität durch eine mit hinreichend stark verdünnter Luft gefüllte Röhre erzeugt werden kann.

Kathode: negative Elektrode.

Kathodenstrahlen: negativ elektrisch geladene Korpuskularstrahlung, die beim Durchgang von hochgespannter Elektrizität durch eine mit hinreichend stark verdünnter Luft gefüllte Röhre von der Kathode abgegeben wird.

Kondensator: Hilfsinstrument zur elektrometrischen Untersuchung radioaktiver Substanzen.

Korpuskularstrahlung: Strahlung, die aus materiellen (stofflichen) Teilchen besteht, im Gegensatz zu den lichtartigen Strahlungen, die eine reine Energiestrahlung darstellen.

Molekül: kleinstes Teilchen einer chemischen Verbindung.

radioaktive Stoffe: Stoffe, welche die Eigenschaft der Radioaktivität besitzen.

radioaktive Strahlung: Strahlung der Radioelemente, welche insbesondere die Eigenschaft besitzt, die elektrische Leitfähigkeit der Luft beträchtlich zu erhöhen. Sie besteht im allgemeinen aus α-, β- und γ-Strahlen.

Radioaktivität: Eigenschaft bestimmter Stoffe, freiwillig und unabhängig von allen äußeren Einflüssen eine besondere (radioaktive) Strahlung auszusenden, die zu einem Zerfall, d. h. zu einer Umwandlung bestimmter (radioaktiver) chemischer Elemente führt.

Radioelement: abgekürzte Bezeichnungsweise für „radioaktives Element".

Radium: Radioelement, das im Jahre 1898 von dem Ehepaar Curie in der Pechblende, einem Uranerz, entdeckt wurde.

Röntgenstrahlen: unsichtbare „Lichtstrahlung", die immer dann entsteht, wenn Kathodenstrahlen gebremst werden, d. h. eine Beeinträchtigung ihrer Geschwindigkeit erfahren.

Spektralanalyse: Auffindung chemischer Elemente auf Grund ihrer Spektren.

Spektrum: mit Hilfe eines Prismas (vgl. im Text S. 49ff.) erreichte Zerlegung der von einem bestimmten chemischen Element ausgestrahlten Lichtsorten.

Symbol, chemisches: abgekürzte Bezeichnung eines einzelnen Atoms eines bestimmten chemischen Elements.

Thorium: radioaktives chemisches Element, das im Jahre 1829 von J. J. Berzelius entdeckt wurde. Seine Radioaktivität fanden im Jahre 1898 fast gleichzeitig G. C. Schmidt und Madame Curie.

Uran: radioaktives chemisches Element, das im Jahre 1789 von M. H. Klaproth entdeckt wurde. Es besitzt das höchste der bisher bekannten Atomgewichte. An ihm wurde im Jahre 1896 die Erscheinung der Radioaktivität durch Becquerel erstmals aufgefunden.

Valenz: Maß des chemischen Bindungsvermögens der Atome (vgl. im Text S. 88).

Verbindung, chemische: Stoff, der eine Vereinigung verschiedener chemischer Elemente in ganz bestimmtem Gewichtsverhältnis darstellt.

Autoren- und Sachregister

FSC
www.fsc.org
MIX
Papier | Fördert
gute Waldnutzung
FSC® C083411

Zeitfracht Medien GmbH
Ferdinand-Jühlke-Straße 7
99095 Erfurt, Deutschland
produktsicherheit@kolibri360.de